本书获上饶师范学院学术著作出版资

计算机网络安全技术创新应用研究

JISUANJI WANGLUO ANQUAN JISHU CHUANGXIN YINGYONG YANJIU

黄亮 著

中国海洋大学出版社

·青岛·

图书在版编目（CIP）数据

计算机网络安全技术创新应用研究 / 黄亮著 . -- 青岛 : 中国海洋大学出版社 , 2022.8

ISBN 978-7-5670-3228-6

Ⅰ . ①计… Ⅱ . ①黄… Ⅲ . ①计算机网络－网络安全－研究 Ⅳ . ① TP393.08

中国版本图书馆 CIP 数据核字 (2022) 第 141481 号

计算机网络安全技术创新应用研究

出 版 人	刘文菁		
出版发行	中国海洋大学出版社有限公司		
社　　址	青岛市香港东路 23 号	邮政编码	266071
网　　址	http://pub.ouc.edu.cn		
责任编辑	郑雪姣	电　　话	0532-85901092
电子邮箱	zhengxuejiao@ouc-press.com		
图片统筹	河北优盛文化传播有限公司		
装帧设计	河北优盛文化传播有限公司		
印　　制	三河市华晨印务有限公司		
版　　次	2023 年 1 月第 1 版		
印　　次	2023 年 1 月第 1 次印刷		
成品尺寸	170 mm × 240 mm	印　　张	12.5
字　　数	240 千	印　　数	1 ~ 1000
书　　号	ISBN 978-7-5670-3228-6	定　　价	78.00 元
订购电话	0532-82032573（传真） 18133833353		

发现印刷质量问题，请致电 18133833353 进行调换。

前言 Preface

如今，伴随着计算机网络的迅猛发展和因特网的广泛普及，信息已经成为现代社会生活的核心。网络作为信息传播与应用的载体，其安全性非常重要，一旦计算机网络出现基础设备的损毁或者硬盘信息的病毒攻击，将对整个网络工作造成不可估量的损失。这就要求我们要加强计算机网络安全技术的开发与应用，提高计算机网络的安全性能。

计算机网络安全从本质上讲就是计算机网络的信息安全。计算机网络安全涉及的研究领域较为广泛，从广义上说，凡是涉及网络上信息的保密性、完整性、可用性、真实性和可控性的相关理论和技术，都是计算机网络安全所要研究的领域。计算机网络安全问题涉及国家安全、社会公共安全和公民个人安全的方方面面。要使我国的信息化、现代化发展不受影响，就必须克服众多的计算机网络安全问题，化解日益严峻的网络安全风险。

本书属于计算机方面的著作，由网络安全概述、计算机网络信息加密技术、防火墙技术与入侵检测、安全隔离与信息交换技术、计算机病毒的检测与防治、网络安全管理研究、计算机网络安全技术的创新应用几部分组成。全书以计算机网络为核心，系统论述了计算机网络安全相关的定义与内容，给出了常见的几种计算机网络安全技术。由于如今各行各业的发展都离不开计算机网络，因此本书列举了计算机网络安全技术在不同领域中的应用，以供计算机网络相关方面的研究者与从业人员参考。

前言 Preface

目录 contents

第一章　网络安全概述

第一节　网络安全的基本概念

一、计算机网络安全的概念

对计算机网络安全的认识，不同的人有不同的看法，从不同的角度去理解也能得到不同的解释，但是这些看法与解释大体相近。

现如今，网络环境异常复杂，有的人认为，计算机网络安全指的是在同一个网络环境里，通过使用一定的网络管理控制技术，采取相应的措施，来保证这一网络里的数据是安全的、完整的和可使用的。计算机网络安全包括两个方面，即物理安全和逻辑安全。物理安全指的是系统设备及相关设施受到物理保护，免于破坏、丢失等。逻辑安全包括信息的完整性、保密性和可用性。

从广义层面看，网络安全主要指信息资源与网络硬件资源的安全。信息资源包括通过网络传输和储存的用户数据信息以及保障网络服务稳定运行的各种应用软件与系统软件等。硬件资源主要包括主机、通信线路以及路由器、交换机等各种通信设备等，当物理网络环境安全可靠时，其就能安全、快速地完成信息交换。在网络安全方面，信息资源的真实性、保密性、可用性及完整性是其重要的研究课题。

也有人认为，计算机网络安全不仅包括组网的硬件、管理控制网络的软件，也包括共享的资源、快捷的网络服务，所以定义网络安全应考虑涵盖计算机网络所涉及的全部内容。参照 ISO 标准给出的计算机安全定义，其认为计算机网络安全是指“保护计算机网络系统中的硬件、软件和数据资源，不因偶然或恶意的原因遭到破坏、更改、泄露，使网络系统连续可靠地正常运行，网络服务正常有序”。

同样类似的说法是，计算机网络安全的定义包含物理安全和逻辑安全两方面的内容，其逻辑安全的内容可理解为通常所说的信息安全，是指对信息的保密性、完整性和可用性的保护，而网络安全性的含义是信息安全的引申，即网络安全是对网络信息保密性、完整性和可用性的保护。计算机网络安全是指“为数据处理系统建立和采取的技术和管理的安全保护，保护计算机硬件、软件数据不因偶然和恶意的原因而遭到破坏、更改和泄漏”。

综上可知，借助技术手段和非技术手段，保障组成计算机网络系统的信息资源及软、硬件不被窃取、攻击、破坏就是计算机网络安全。计算机网络安全是一门专业课程，其涉及多个领域的多个专业，如密码技术、计算机科学、应用数学、控制论、信息安全技术、数论和信息论、计算机网络技术以及系统论，是一个综合性学科。从广义层面看，与计算机网络的软、硬件相关的以及可以保障信息的完整性、安全性、保密性、可控性、真实性的相关理论与技术都在计算机网络安全的研究范畴。

二、网络安全的主要特征

（一）可控性

可控性主要是指可以控制认证和授权范围内的信息流向和行为方式。认证是安全的最基本要素。信息系统的目的就是供使用者使用，但只能给获得授权的使用者使用，因此，必须首先知道来访者的身份。使用者可以是人、设备和相关系统，但无论是什么样的使用者，安全的第一要素就是对其进行身份认证。身份认证的结果有三种：可以授权使用的对象，不可以授权使用的对象和无法确认的对象。授权就是授予合法使用者对系统资源的使用权限并且对非法使用行为进行监测。授权可以是对具体的对象进行授权，也可以是对某一组对象授权，还可以是根据对象所扮演的角色授权。来访对象的身份得到认证之后，对不可以授权的使用对象就必须拒绝访问，对可以授权使用的对象则进到下一步安全流程，而对无法确认的对象则视来访的目的采取相应的步骤。尽管使用各种安全技术，但非法使用也不是可以完全避免的，因此，及时发现非法使用并马上采取安全措施是非常重要的。例如，当病毒侵入信息系统后，如果不及时发现并采取安全措施，后果是非常严重的。

（二）保密性

可控性是网络安全的基本特征，但是仅保证网络安全的可控性是远远不够的，还需要确保网络信息在使用和传递过程中是保密的，要有效避免非法使用者的偷看与盗取。例如，一名合法使用者借助网络进行信息传递需要一定的时间和路径，在这个过程中如果非法使用者采用一定的手段，那么传递的信息就可能被“截取”，此时信息的安全性就失去了保障。一般来说，信息在存储时比较容易通过认证和授权的手段将非授权使用者“拒之门外”。但是，数据在传送过程中则无法或很难做到这一点，因此，加密技术就成了信息保密的重要手段。保密性是指确保信息不暴露给未授权的实体或进程，即信息的内容不会被未授权的第三方所知。不论是与国家机密相关的信息，还是企业、商业信息，甚至是个人信息，都能够在保密技术的使用下受到保护，从而避免信息失窃与泄露。

（三）可用性

实体只有获得授权和认证后才能访问服务与资源。无论在什么情况下，当用户有需要时，就能随时随地访问信息系统，而信息系统也必须接受用户的服务申请，这就是可用性。向用户提供通信服务与信息服务是网络的一项基本功能，用户提出的通信要求具有时效性、随机性及多面性（数据、图像、文字、语音等），而这些要求网络都必须要满足。攻击者大多通过占用资源对授权者的工作造成干扰。对此，授权者可以通过访问控制机制来抵挡未获得授权一方对网络资源的侵占，保障网络系统安全可用。另外，避免因地震、战争等非人为因素导致的系统失效也能够有效增强网络系统的可用性。

（四）完整性

网络信息要想被准确传达，就应当保证信息在传递和存储时是完整的。假设小李给小张传送某一个文件，在文件传输过程中，小王将信息进行了截取，并对部分信息进行了删除和修改，然后将信息传递给小张，这样一来，小张接收到的信息与小李传送的原始信息并不等同，我们就认为信息的完整性遭到了破坏。信息安全的一个重要方面就是保证信息的完整性，特别是信息在传送过程中的完整性，即信息具有不被偶然或蓄意地删除、修改、伪造、乱序、重放、插入等破坏的特性。只有得到允许的人才能修改实体或进程，并且能够判别出实体或进程是否已被篡改，即信息的内容不能被未授权的第三方修改。信息在存储或传输时不能被修改、破坏，不出现信息包的丢失、乱序等。

（五）不可否认性

无论使用网络系统的用户是否得到了授权，都可以找到使用者的依据线索。对通信双方（进程、用户、实体）来说，不可否认性是确保信息的同一性、安全性和真实性的重要要求，在这一特性的制约下，收、发信息双方的行为均无法抹除和抵赖。不可否认性主要有两种证明通信双方身份的办法：①源发证明，它作为最直接的证据可以提供给信息接收者，向其证明发送者发送过信息，保证发送者无法对已发出的信息内容做出否认；②交付证明，这一证明是信息发送者的又一项有力证据，信息接收者无法否认其接收信息的行为，也无法篡改接收信息的内容，这一证据对证明非授权使用者的信息接收行为十分有效，是最后一个可以保障信息安全的重要环节。

（六）可审性

可审性是指计算机网络系统中的硬件、软件以及信息出现安全问题时系统能提供依据与手段。

可审性的主要实现技术包括以下两种。

（1）身份鉴别机制：身份识别和鉴别机制是计算机网络安全的关键。它帮助鉴别知道什么、有什么、是什么等身份权限问题。

（2）审计：它提供过去事件的记录，但它必须基于合适的身份识别和鉴别服务。

三、计算机网络安全的层次

（一）物理安全

保证计算机信息系统各种设备的物理安全，是整个计算机信息系统安全的前提。物理安全是保护计算机网络设备、设施及其他媒体免遭地震、水灾、火灾等环境事故，以及人为操作失误、错误或者各种计算机犯罪行为导致的破坏。物理安全主要包括以下 3 个方面。

1. 环境安全

环境安全对系统所在环境的安全保护，如区域保护和灾难保护。

2. 设备安全

设备安全主要包括设备的防盗、防毁、防电磁信息辐射泄露、防止线路截获、抗电磁干扰及电源保护等。

3. 媒体安全

媒体安全包括媒体数据的安全及媒体本身的安全。

（二）网络安全

网络安全主要包括网络运行和网络访问控制的安全，如图 1-1 所示。下面对其中的重要组成部分予以说明。

要想保证内部网络的安全，就需要将内部网和外部网进行有效隔离，并对二者的访问进行控制设置，就现阶段来说，最常用、最有效的方法就是设置防火墙。网络安全检测工具通常是一个网络安全性的评估分析软件或硬件，用此类工具可以检测出系统的漏洞或潜在的威胁，以达到增强网络安全性的目的。

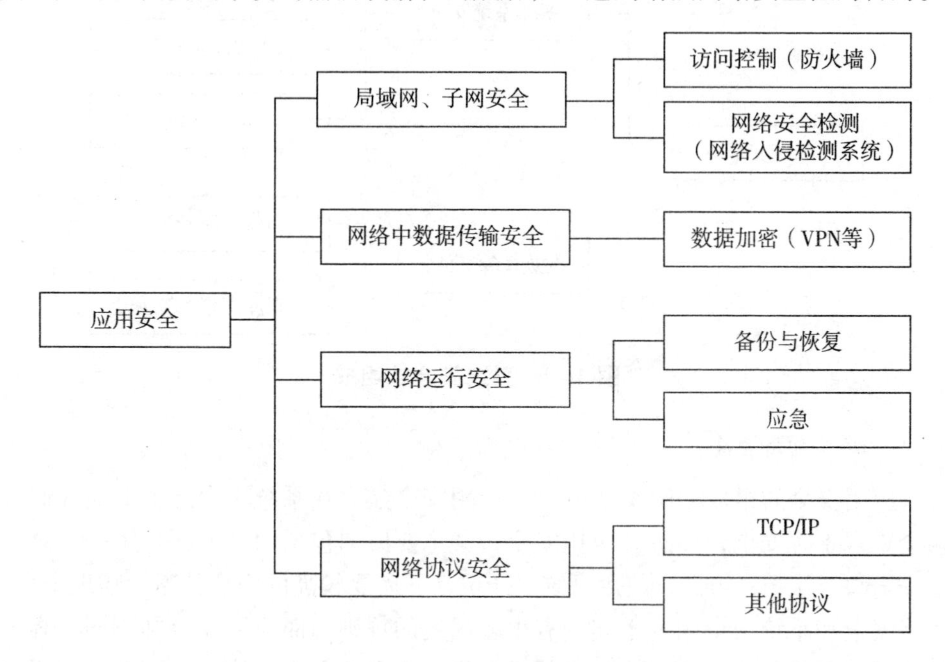

图 1–1　网络安全的组成

备份系统存在的目的是在发生了人为失误事故或网络系统硬件故障时，保证其中数据信息的完整，使计算机系统运行所需的系统信息和数据信息尽可能迅速地得到全面的恢复，能够在非授权使用者访问入侵甚至攻击网络时保护数据的安全和完整。只有做好系统备份，才能在网络系统遇到灾难性破坏时保证其快速恢复。

（三）系统安全

一般人们对网络和操作系统的安全很重视，但对数据库的安全不重视，其实数据库系统也是一款系统软件，与其他软件一样需要保护。系统安全的组成如图 1–2 所示。

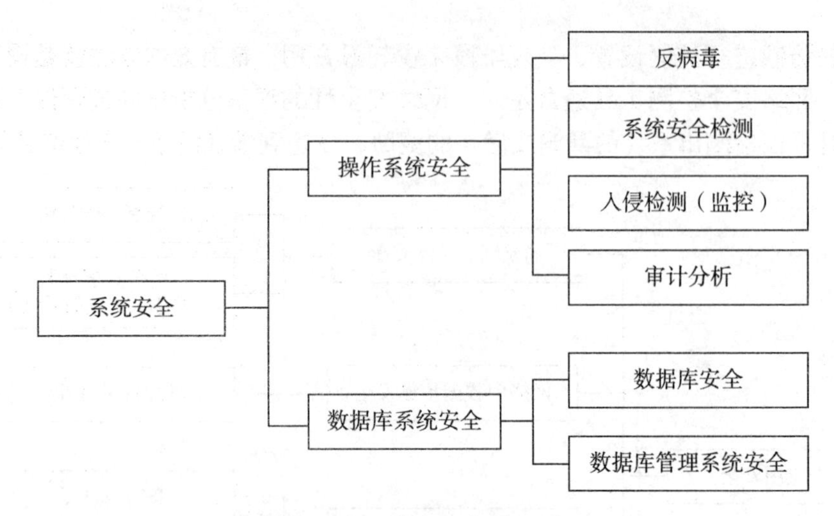

图 1-2　系统安全的组成

（四）应用安全

应用安全的组成如图 1-3 所示。应用安全建立在系统平台之上，而人们普遍会重视系统安全，而忽视应用安全，其主要原因包括两个方面：第一，对应用安全缺乏认识；第二，应用系统过于灵活，需要较高的安全技术。物理安全、网络安全和系统安全的技术实现有很多固定的规则，而应用安全则不同，客户的应用往往都是独一无二的，必须投入相对更多的人力、物力，而且没有现成的工具，只能根据经验来手动完成。

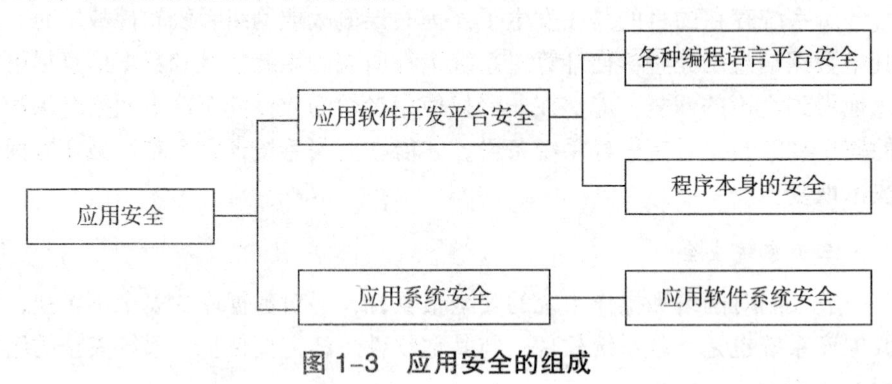

图 1-3　应用安全的组成

（五）管理安全

仅仅通过一定的技术手段保证物理安全、网络安全、系统安全和应用安全是远远不够的。人是计算机操作的主体，人的行为对计算机网络安全有着重要影响，因此，要实现网络安全，还需要对使用者进行管理。网络安全管理与“木桶原理”相似，即在网络安全管理的诸多环节中，最薄弱的环节对管理安全有重大影响，如果最薄弱环节的管理强度较低，那么整个网络安全管理系统的管理强度就不会高。在网络安全管理中，专家一致认为是“30% 的技术，70% 的管理”。与其说网络安全管理是一个结果，不如说这是一个过程，并且这个过程是动态的。这是因为制约安全的因素都是动态变化的，必须通过一个动态的过程来保证安全。例如，Windows 操作系统经常公布安全漏洞，在没有发现系统漏洞前，大家可能认为自己的网络是安全的，但实际上，系统已经处于威胁之中了，所以要及时地更新补丁。从 Windows 安全漏洞被利用的周期变化中可以看出：随着时间的推移，从公布系统补丁到出现黑客攻击工具的时间越来越短。

安全并非一个绝对化的概念，它具有相对性，对网络安全来说，它包含多个层次，并且网络安全是一个动态化的过程。网络安全工作具有很强的系统性，它要求我们在做好对外部攻击防御的同时，还要做好内部网络安全的保障。因此，网络安全解决方案不应仅仅提供对某种安全隐患的防范能力，还应涵盖对各种可能造成网络安全问题隐患的整体防范能力；同时，它还应该具有动态的解决方案，能够随着网络安全需求的增加而不断改进和完善。

第二节　网络安全的不安全因素与主要威胁

一、不安全因素

计算机网络安全在计算机网络诞生之初，就十分脆弱，可以说计算机网络自诞生以来所具有的致命弱点就是安全脆弱。在建设网络时，网络自身的安全缺陷就决定了其安全性能无法无限制、无条件地提高。在使用网络时，人们要求其方便快捷的同时还要求其能做到安全，这对网络的特点来说，无疑是“两难”的选择。网络的架构只能从“两难”的选择中尽量寻求一个平衡点，在适当的范围内保障网络的安全性和便捷性。因此，可以说没有哪一个计算机网络可以做到绝对的安全。

（一）因特网的不安全性

因特网在最初只被用在学术组织和科研计算中，其技术基础仍具有一定的不安全性。如今，因特网向全球所有国家开放，每个个人或团体用户都可以通过网络获取和传递各种信息，十分便捷。因特网展现出了较强的开放性、国际性以及自由性特点，但从网络安全层面看，这无疑使挑战再度升级。以下几方面可以说明因特网的不安全性。

（1）网络互联技术是全开放的，从而使得网络所面临的破坏和攻击来自各方面。其既可能来自对物理传输线路的攻击，也可能来自对网络通信协议的攻击，以及对软件和硬件设施的攻击。

（2）网络的国际性意味着网络的攻击不仅可以来自本地网络的用户，还可以来自因特网上的任何一台机器，也就是说，网络安全面临的是国际化的挑战。

（3）网络的自由性意味着最初网络对用户的使用并没有提供任何的技术约束，用户可以自由地访问网络，自由地使用和发布各种类型的信息。

另外，因特网使用的基础协议，如TCP/IP（传输控制协议 / 网际协议）、FTP（文件传送协议）、E-mail（电子邮件）、RPC（远程进程调用）以及NFS（网络文件系统）等，不仅是公开的，而且都存在许多安全漏洞。

（二）操作系统的安全问题

操作系统软件自身的不安全性，以及因系统设计时的疏忽或考虑不周而留下的“破绽”，都给网络安全留下了许多隐患。

操作系统的体系结构造成的不安全性是计算机系统不安全的根本原因之一。操作系统的程序是可以动态链接的，例如，I/O的驱动程序和系统服务都可以通过打“补丁”的方式进行动态链接，且许多UNIX操作系统的版本升级也都是采用打“补丁”的方式进行的。

这种动态链接的方法容易被黑客所利用，并且也是计算机病毒产生的环境。另外，操作系统的一些功能也会带来不安全因素，例如，支持在网络上传输所执行的文件映像、网络加载程序等。

另一个导致操作系统不安全的原因在于其可以创建进程，支持远程完成进程的创建与激活，而被创建的进程还能够获得权限继续创建进程，这种机制为入侵者利用远端服务器向操作系统中安装“间谍”软件提供了机会。如果以打“补丁”的方式将间谍软件“打”到某个有授权的用户上，甚至是特权用户上，间谍软件或黑客就可以避开监视程序的监测，顺利进入系统进程进行作业。

操作系统的无口令入口及隐蔽通道（原是为系统开发人员提供的便捷入口）也是黑客入侵的通道。

（三）数据库的安全问题

数据库是主要存储网络数据的地方，可以分享给不同的用户使用，但数据库也并不安全。例如，当未经授权的使用者绕过了数据库的安全内核，企图窃取或破坏信息资源时，或者授权用户做出了超出访问权限的事情，如更改、删减数据时，就无法保证数据库中信息的安全。数据库的安全性就是指确保数据正确、安全、有效、可靠，以及并发控制数据的完整性和安全性，即确保数据库不被故意破坏，不被非法存取，确保数据库中的数据全部与语义相符，避免因输入或输出错误的信息而造成错误的结果或者无效操作。并发控制指多个用户程序在同一时间存取数据时，确保数据库对各个用户的一致性。

（四）传输线路的安全问题

尽管在光缆、同轴电缆、微波、卫星通信中窃听其中指定一路的信息是很困难的，但是从安全的角度说，没有绝对安全的通信线路。

（五）网络安全管理问题

网络系统缺少安全管理人员，缺少安全管理的技术规范，缺少定期的安全测试与检查，缺少安全监控，是网络安全管理最大的问题之一。

二、网络安全的主要威胁

网络安全的威胁主要表现在主机可能会受到非法入侵者的攻击，网络中的敏感数据有可能泄漏或被修改，从内部网向公共网传送的信息可能被他人窃听或篡改等。表 1–1 列出了典型的网络安全威胁。

表 1–1　典型的网络安全威胁

威胁	描述
窃听	网络中传输的敏感信息被窃听
重传	攻击者事先获得部分或全部信息，以后将此信息发送给接收者
伪造	攻击者将伪造的信息发送给接收者
篡改	攻击者对合法用户之间的通信信息进行修改、删除、插入，再发送给接收者
非授权访问	通过假冒、身份攻击、系统漏洞等手段获取系统访问权，从而使非法用户进入网络系统读取、删除、修改、插入信息等
拒绝服务攻击	攻击者通过某种方法使系统响应减慢甚至瘫痪，阻止合法用户获得服务

续 表

威胁	描述
行为否认	通信实体否认已经发生的行为
旁路控制	攻击者发掘系统的缺陷或安全脆弱性
电磁 / 射频截获	攻击者从电子或机电设备所发出的无线射频或其他电磁辐射中提取信息
人员疏忽	已授权人为了利益或由于粗心将信息泄漏给未授权人

影响计算机网络安全的因素有很多，如有意的或无意的、人为的或非人为的，外来黑客对网络系统资源的非法使用更是影响计算机网络安全的重要因素。归结起来，网络安全的威胁主要有以下几个方面。

（一）人为的疏忽

人为的疏忽包括失误、失职、误操作等。例如，操作员安全配置不当所造成的安全漏洞；用户安全意识不强，用户密码选择不慎，用户将自己的账户随意转借给他人或与他人共享等都会对网络安全构成威胁。

（二）人为的恶意攻击

计算机网络目前所面临的最大的安全问题就是人为恶意攻击，其中包括计算机犯罪和敌人攻击等。这类攻击可分为主动攻击和被动攻击。主动攻击指通过各种方法对信息资源进行选择性破坏，使其无法保证完整性和有效性；被动攻击是指在不对网络正常运行造成影响的情况下，窃取、截获、破译传输中的信息资源，掌握一定的机密信息。对计算机网络而言，这两种方法无论哪一种都会对其安全性造成极大的破坏，泄漏其中的机密数据。人为恶意攻击的特性如下。

1. 智能性

从事恶意攻击的人员大都具有相当高的专业技术水平和熟练的操作技能。他们的文化程度高，在攻击前都经过了周密预谋和精心策划。

2. 严重性

如果被恶意攻击的网络信息系统涉及金融资产，就会造成巨大的资金损失，导致企业或金融机构遭受巨大损失，甚至破产，进而影响社会的稳定。美国曾发生过资产融资公司计算机欺诈案，该案影响巨大，涉案金额为上亿美元，惊动全美。而类似这样的事件也曾在我国发生过数起，涉案金额可达数百万人民币，给相关企业、单位带来了巨大的损失。

3. 隐蔽性

人为恶意攻击的隐蔽性很强，不易引起怀疑，作案的技术难度大。一般情况下，其犯罪的证据存在于软件的数据和信息资料之中，若无专业知识很难获取侦破证据。而且作案人员可以很容易地毁灭证据，计算机犯罪的现场也不像传统犯罪现场那样明显。

4. 多样性

随着网络的迅速发展，网络信息系统中的恶意攻击也在发展变化。由于经济利益的强烈诱惑，近年来，各种恶意攻击主要集中于电子商务和金融电子领域。攻击手段日新月异，新的攻击目标包括偷税、漏税，利用自动结算系统洗钱以及在网络上进行营利性的商业间谍活动等。

（三）网络软件的漏洞

网络软件都存在一定的漏洞与缺陷，黑客则将这些缺陷、漏洞作为攻击时的首选位置。迄今发生过的导致政府、企业的内部网络被黑客攻入的事件的原因大多在于没有足够完善的安全措施。另外，软件公司中的编程设计人员通常为了自己方便会设置一定的隐秘通道，这种隐秘通道基本不会有其他人知道，但一旦有黑客发现了该通道，软件的网络安全就无法得到保证，进而造成严重的后果。

（四）非授权访问行为

在没有获得授权的情况下，使用计算机或网络资源的行为就是非授权访问行为。譬如，在使用网络资源及设备时，未获得允许就擅自越权或者擅自扩大权限访问信息等。非授权访问行为主要有未认证用户利用漏洞强制进入网络系统做出违法操作、假冒用户身份对网络系统进行攻击、合法用户使用未授权的方式操作等。

（五）信息泄漏或丢失

信息泄漏或丢失指的是敏感数据被有意或无意地泄漏出去或者丢失，通常包括在传输中丢失或泄漏。例如，黑客利用电磁泄漏或搭线窃听等方式获取机密信息；或通过对信息流向、流量、通信频度和长度等参数的分析，进而获取有用信息。

（六）破坏数据完整性

破坏数据完整性是指以非法手段窃得对数据的使用权，删除、修改、插入或重发某些重要信息，恶意添加、修改数据，以干扰用户的正常使用。

第三节　网络安全风险管理

一、网络安全风险产生的原因

网络应用给人们带来了快捷与便利，但随之而来的网络安全风险也变得更加严重和复杂。原来由单个计算机安全事故引起的损害可能传播到其他系统和主机，引起大范围的瘫痪和损失；另外加上缺乏安全控制机制和对网络安全政策及防护意识的认识不足，这些风险正日益加重。影响网络安全的因素有很多，总结起来主要有 3 种类型：①硬件，如服务器故障，线路故障等；②软件，不安全的软件服务，分为人为的和非人为的；③网络操作系统，不安全的协议，如 TCP、IP 协议本身就是不安全的。

（一）开放的网络环境

正如一句非常经典的语句所说："因特网的美妙之处在于你和每个人都能互相连接，因特网的可怕之处在于每个人都能和你互相连接。"

网络系统的虚拟、互联、开放、脆弱、分散、快速等特点导致其容易受到攻击。网络用户可以不受空间与时间的限制，对想了解的网站进行自由访问。网络信息也以非常快的速度在网络中传输。因此，各种对网络安全有威胁的病毒等，也可以通过网络快速传播扩散。目前，各种网络终端设备及基础设施广泛分布在世界各地，数量庞大，各地信息系统在虚拟环境中可以做到互通互联，由此，用户的位置及身份等信息越来越难以辨别真假。另外，网络协议与软件通常有多处技术漏洞，为入侵者的攻击行为提供了便利，加大了网络空间安全管理的难度。2017 年 5 月曾发生的勒索病毒事件"永恒之蓝"，就是一次影响范围非常大的网络系统安全事件。在该事件中，全世界范围内超过 150 个国家与地区受到了网络病毒的强势突袭，病毒锁定了无数台电脑，大量用户无法正常使用。该勒索病毒具有极快的传播速度，对很大范围内的网络安全造成了巨大的破坏，这一严重的网络安全事故在互联网历史上十分罕见。

因特网是跨国界的，这意味着网络的攻击不仅仅来自本地网络的用户，也可以来自因特网上的任何一台机器。因特网是一个虚拟的世界，所以无法得知联机的另一端是谁。在这个虚拟的世界里，已经超越了国界，某些法律也受到了挑战，因此网络安全面临的是一个国际化的挑战。

网络在最初建立时，只考虑了使用时的开放性与便捷性两方面因素，而对其总体安全的考虑和构想并没有落实。所以，任何组织或个人都可以接入网络中，导致网络可能受到的攻击和破坏来自各个方面，如对软件或者对硬件的攻击、对网络应用或者对网络通信协议的攻击、对物理传输线路的侵占等。

（二）协议本身的脆弱性

2016 年发生的 Mirai 僵尸网络攻击，导致美国东海岸大面积断网。2017 年 4 月，我国也出现了控制大量物联网设备的僵尸网络 http81，该僵尸网络感染控制了超过 5 万台网络摄像头。这意味着 http81 一旦展开 DDoS 攻击，国内互联网可能成为重灾区，其他国家和地区也不能完全排除不受感染或不受攻击的可能性。网络传输离不开通信协议，而这些协议也有不同层次、不同方面的漏洞，针对 TCP/IP 等协议的攻击非常多，在以下几个方面都有攻击的案例。

1. 网络应用层服务的安全隐患

例如，攻击者可以利用 FTP、Login、Finger、Whois、WWW 等服务来获取信息或取得权限。

2. IP 层通信的易欺骗性

由于 TCP/IP 本身的缺陷，IP 层数据包是不需要认证的，攻击者可以假冒其他用户进行通信，此过程即 IP 欺骗。

3. 针对 ARP 的欺骗性

ARP 是网络通信中非常重要的协议。基于 ARP 的工作原理，攻击者可以假冒网关，阻止用户上网，此过程即 ARP 欺骗。近一年来 ARP 攻击更与病毒结合在一起，破坏网络的连通性。

4. 以太网的易被监视性

局域网中，以太网协议的数据传输机制是广播发送，使系统和网络具有易被监视性。在网络上，黑客能用嗅探软件监听到口令和其他敏感信息。

（三）操作系统的漏洞

在计算机领域中，系统存在安全方面的不足就是漏洞，因此，漏洞往往指在信息系统的运行、编码和设计时可能引发的或者被外部入侵者利用后导致的信息系统的可用性、完整性以及机密性受到影响的缺陷。漏洞产生的原因主要有 3 种：①操作缺陷；②认知缺陷；③知识缺陷。操作系统与网络之间密不可分，由于现存网络攻击方法中大部分是依靠攻击操作系统的漏洞实现的，所以，只有保证操作系统是安全的，才能在一定程度上保障网络安全。操作系统主要有以下几种漏洞。

第一，系统模型本身的缺陷。这是系统设计初期就存在的，无法通过修改操作系统程序的源代码来弥补。

第二，操作系统程序的源代码存在 Bug（漏洞）。操作系统也是一个计算机程序，任何程序都会有 Bug，操作系统也不例外。例如，冲击波病毒针对的就是 Windows 操作系统的 RPC 缓冲区溢出 Bug。那些公布了源代码的操作系统所受到的威胁更大，黑客会分析其源代码，找到漏洞进行攻击。

第三，操作系统程序的配置不正确。许多操作系统的默认配置安全性很差，进行安全配置比较复杂，并且需要一定的安全知识。而许多用户并没有这方面的能力，如果没有正确地配置这些功能，就会造成一些系统的安全缺陷。

（四）数据存在泄露风险

随着物联网与人工智能技术的迅速发展，物联网（IOT）与 AI 技术在人类社会生活中的参与程度越来越高，网络平台中逐渐流入各方面的数据，其中包括大量的敏感数据，从而造成数据泄漏事故的可能性大大增加。虽然智能手机与互联网极大地为人们的生活提供了便利，但其中木马、病毒、数据泄漏、安全漏洞等仍带给人们巨大的信息安全隐患。每当人们享受技术变革带来的便捷舒适的生活时，身边仍不断发生各种信息安全事件，向人类提醒随着新技术的运用而产生的各种负面事件和影响。例如，2018 年 6 月，由于一名曾在特斯拉（Tesla）公司从业的前员工窃取了其重要的商业机密，并将该公司的大量内部数据泄漏给了第三方，其中包括数十份该公司生产制造系统的保密照片，从而导致特斯拉公司遭遇了重大的信息安全危机事故，于是特斯拉公司向该前员工提起诉讼。

（五）人为因素

许多公司和用户的网络安全意识薄弱、思想麻痹，这些管理上的人为因素也影响了安全。

根据研究可知，在针对企业的攻击中，有 28% 都在源头上使用了钓鱼等社交工具攻击手段。例如，一名粗心大意的会计人员很可能会打开一个伪装成发票的恶意文件，尽管这个文件看上去是来自某个承包商。这样做，就可能导致整个企业的基础设施关闭，使得这名会计成为攻击者的同谋，尽管他自己并不知情。

在安全技术方面，大多数针对不知情或粗心大意的员工的威胁，包括钓鱼攻击等，都可以通过终端安全解决方案来应对。这些解决方案可以满足中小企业和大型企业在功能、预设保护和高级安全设置方面的需求，最大限度地减少企业面临的风险。

二、网络安全风险管理的原则

为了有效、顺利地开展网络安全项目风险管理工作，就必须在于全面分析评估各种网络安全项目风险因素的基础上制定有效的控制措施和风险管理方案。结合网络安全项目的特点，网络安全风险管理方案的制定需要遵循以下原则。

（一）经济、合理、先进性原则

鉴于网络安全的相对性，网络安全风险项目管理方案所涵盖的各领域活动及应对措施也应适度即可，从而节约不必要的项目成本。一方面采用最优的管理手段使得项目信息沟通快捷，提升效率；另一方面也避免了不必要的投入，最终达到良好的风险管理效果。

（二）可行、适用、有效性原则

风险管理方案必须先根据已发现的风险因素，同时充分考虑各项网络安全技术制约因素要点，并且严格遵循网络安全技术逻辑，有针对性地制定可实际落地的风险管理措施。合理可靠的风险管理措施能够最大限度地提升风险管理方案的整体效果。

（三）综合、整体、全面性原则

很多专业技术领域都与网络安全有一定的关联，在对网络安全项目实施科学有效的风险管理时，通常要求管理该项目的能力要具备较高的整体性和综合性。造成项目安全问题的风险因素往往十分复杂，且可能会造成十分广泛、深远的影响和后果，因此，在寻找防控和管理风险的办法措施时应尽可能做出全面细致的考虑。只有对可能威胁到网络安全的各种风险因素做出整体化、综合化、全面化的治理，才能在最大限度上将风险导致的各方面影响减轻甚至消除。通常情况下，在实施和管理网络安全项目时，应尽可能地将项目内部与外部成员的力量调动起来，并将风险责任向其合理分配，从而构建出有效、全面的风险管理体系，实现有效的项目风险管控，为网络安全项目的稳定运行提供保障。

（四）时效、积极、持续性原则

网络安全项目的整个项目过程一般由以下阶段构成：需求阶段、设计阶段、招投标阶段、项目实施阶段、运行维护阶段。在网络安全项目中，需结合网络安全的动态性对项目各阶段进行风险管理，并且对项目风险保持积极主动进行控制的态度。同时伴随项目进度以及变化的项目环境，必然会产生新的项目问题和项目风险，因此，要快速分析确定对应的应对措施并投入实施应对。按照上述原则持续在项目中贯彻执行，就可以有效地对网络安全项目进行风险管理。

三、网络安全风险管理策略

（一）将网络安全风险评估的工作做好

一般来讲，网络安全风险评估主要包括以下工作：对网络安全事故的危害进行识别；对控制网络安全风险的管理和措施以及危害的风险进行评估。只有充分地将网络安全风险评估工作做好，才能在使用计算机的过程中适时地发现问题，并且对风险带来的危害进行有效的防范，对网络安全措施进行有步骤的调整，最终促使网络的安全运行得到充分的保障。只有这样才能在网络安全问题日益突出的今天，使计算机信息管理系统能够有效地避免产生各种安全风险。总之，只有采取科学合理的解决方案，才能使自身的网络安全防御能力得到不断的提升。

（二）做好网络安全风险防范管理工作

国家可以采取有效措施，将反网络病毒联盟组织、网络信息安全漏洞共享平台等专门的和政府性质的安全风险防范团体或者组织构建起来，这样就能够使网络攻击所造成的损失得到有效的控制。同时还要做好不良因素的应对防范工作，使网络危害带来的影响和产生的不良效果得以减轻，最终实现对网络安全技术进行有针对性的应用和推广，使网络安全水平得到全面提升，促进我国信息化建设的健康发展。

（三）建立良好的网络安全机制

要想保障网络稳定安全地运行，充分发挥出计算机信息管理技术的影响和作用，就必须建立起科学有效的网络安全机制和网络信息安全系统，不断加强管理和规范计算机信息网络安全的力度，构建科学的信息管理技术模型，为安全稳定地运行网络系统提供有力的保障。目前，防火墙、数据加密、密钥加密、入侵检测系统、数字签名、数据包过滤、物理安全、身份验证以及授权技术等安全机制的使用比较常见。为了更进一步保障网络系统安全稳定运行，应加大这些安全机制面向社会的推广力度，同时由相关部门对该项工作做出长期的规划并落实。网络安全作为计算机信息管理技术中最核心、最关键的技术控制环节，研究和改进网络安全机制是一项需要长期实验和实践的任务，从而使相关人员全面提升应对和处理突发事件的能力。

（四）提升安全防护意识

安全隐患问题在网络中是非常普遍的，导致这种情况的原因主要是人们缺乏必要的安全防护意识，没有充分地重视网络安全问题。所以要想使计算机信息管理技术网络安全得到充分的保证，相关的工作人员必须就要不断提升自身的安全防护意识，这样才能将各种安全工作做好，并对在网络安全中信息管理技术的应用起到有效的促进作用。

（五）做好操作系统的安全防护工作

操作系统在计算机信息管理技术运行中具有十分重要的作用。然而由于各种因素的影响，操作系统中非常容易出现各种漏洞，存在着非常大的安全隐患。因此要想保证网络安全，就必须要充分重视做好计算机操作系统安全防护工作，从而使网络的安全性得到极大提升。比如，可以将一个安全防护系统建立起来，从而能够及时发现网络操作系统中存在的各种安全隐患；同时还要采取有效的措施对其进行修复，只有这样才能最大限度地预防各种病毒的侵入。除此之外，还要统一管理网络中存在的虚拟专用网络（VPN）、防火墙以及入侵检测等各种安全性产品，最终将一个完善的操作系统日志建立起来，从而能够有效分析和预防网络中的各种安全隐患。

第四节　计算机网络安全体系

一、网络安全模型

网络安全的基本模型如图 1-4 所示。通信双方在网络上传输信息时，首先需要在收、发方之间建立一条逻辑通道。为此，就要先确定从发送方到接收方的路由，并选择该路由上使用的通信协议，如 TCP/IP。

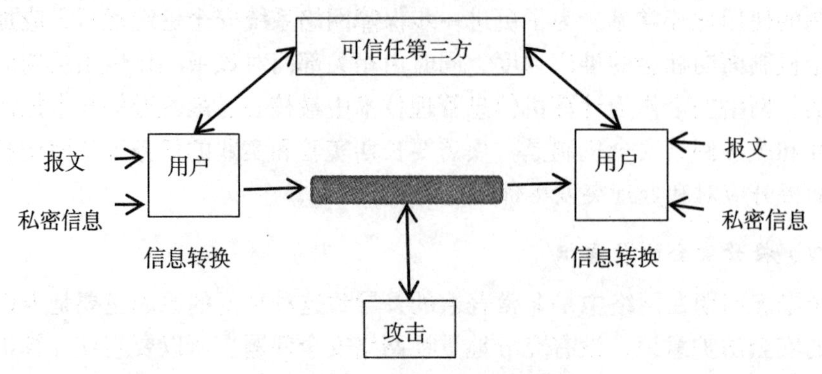

图 1-4　网络安全的基本模型

为了在开放式的网络环境中安全地传输信息，需要为信息提供安全机制和安全服务。信息的安全传输包含两个方面的内容：一是对发送的信息进行安全转换，如进行加密，以实现信息的保密性，或附加一些特征码，以实现对发送方身份的验证等；二是收、发方共享的某些秘密信息，如加密密钥，除了对可信任的第三方公开外，对其他用户是保密的。

为了使信息安全地进行传输，通常需要一个可信任的第三方，其作用是负责向通信双方分发秘密信息，以及在双方发生争执时进行仲裁。

一个安全的网络通信方案必须考虑以下内容。

（1）实现与安全相关的信息转换的规则或算法。

（2）用于信息转换的秘密信息（如密钥）。

（3）秘密信息的分发和共享。

（4）利用信息转换算法和秘密信息获取安全服务所需的协议。

二、OSI 安全体系结构

OSI 安全体系结构的研究始于 1982 年，当时 OSI 基本参考模型刚刚确立。这项工作由 ISO/IECJTCI/SC21 完成，结束于 1988 年，其成果标志是 ISO 发布了 ISO7498-2 标准，作为 OSI 基本参考模型的新补充。1990 年，TTU 决定采用 ISO7498-2 作为它的 X.800 推荐标准，我国的国标《信息处理系统开放系统互连基本参考模型第 2 部分：安全体系结构》（GB/T9387.2-1995）等同于 ISO/IEC7498-2。

OSI 安全体系结构不是能实现的标准，而是关于如何设计标准的标准。因此，具体产品不应声称自己遵从这一标准定义了许多术语和概念，还建立了一些重要的结构性准则。它们中有一部分已经过时，仍然有用的部分主要是术语、安全服务和安全机制的定义。

（一）术语

OSI 安全体系结构给出了标准中的部分术语的正式定义，其所定义的术语只限于 OSI 体系结构，而在其他标准中对某些术语采用了更广的定义。

（二）安全服务

OSI 安全体系结构中定义了五大类安全服务，也称为安全防护措施。

（1）鉴别服务：提供对通信中对等实体和数据来源的鉴别。对等实体鉴别提供对实体本身的身份进行鉴别，数据源鉴别提供对数据项是否来自某个特定实体进行鉴别。

（2）访问控制服务：对资源提供保护，以对抗非授权使用和操纵。

（3）数据机密性服务：保护信息不被泄漏或暴露给未授权的实体。机密性服务又分为数据机密性服务和业务流机密性服务。数据机密性服务包括：连接机密性服务，对某个连接上传输的所有数据进行加密；无连接机密性服务，对构成一个无连接数据单元的所有数据进行加密；选择字段机密性服务，仅对某个数据单元中所指定的字段进行加密。业务流机密性服务使攻击者很难通过网络的业务流来获得敏感信息。

（4）数据完整性服务：保护数据，防止未经授权擅自将数据更改、替代或删除。数据完整性服务分为三类：①连接完整性服务，指保护在连接中进行传输的各项数据的完整性，保证数据在从传出到收入的整个过程中不会被篡改、插入、延迟或者重新排序；②无连接完整性服务，指保护没有连接数据单元中存储的数据的完整性；③选择字段完整性服务，指保护数据单元中的某段指定部分的数据字段的完整性。另外，数据完整性服务从恢复性方面划分还可以分为具备恢复功能与不具备恢复功能这两种。如果只要求检测和保护报告信息中所有数据完整，不需要对其采取后续措施，则应选择的数据完整性服务类型为不具备恢复功能的服务；如果需要的不只是检测和保护信息数据完整，还需要在信息受到破坏后将其正确复原，则应选择具有恢复功能的服务。

（5）抗抵赖性服务：防止参与通信的任何一方事后否认本次通信或通信内容。抗抵赖服务可分为两种不同的形式：①数据原发证明的抗抵赖，使发送者不承认曾经发送过这些数据或否认其内容的企图不能得逞；②交付证明的抗抵赖，使接收者不承认曾收到这些数据或否认其内容的企图不能得逞。

（三）安全机制

1. 与安全服务有关的安全机制

（1）加密机制。加密机制可用来加密存放着的数据或数据流中的信息，既可以单独使用，也可以同其他机制结合起来使用。加密算法可分为对称密钥（单密钥）加密算法和不对称密钥（公开密钥）加密算法。

（2）数字签名机制。数字签名由两个过程组成：对信息进行签字过程和对已签字的信息进行证实过程。前者使用私有密钥,后者使用公开密钥。它由“已签字是否与签字者的私有密钥有关”信息而产生。数字签名机制必须保证签字只能是签字者私有密钥信息。

（3）访问控制机制。访问控制机制根据实体的身份及其有关信息，来决定该实体的访问权限。访问控制实体常基于采用以下的某一或几个措施：访问控制信息库、证实信息（如口令）、安全标签等。

（4）数据完整性机制。在通信中，发送方根据发送的信息产生一额外的信息（如校验码），将其加密以后，随信息本体一同发送出去。接收方接收到信息本体后，产生额外信息，并与接收到的额外信息进行比较，以判断在过程中信息本体是否被篡改过。

（5）认证交换机制。用来实现同级之间的认证。这可以是认证的信息，如由发送方提供一口令，接收方进行验证；也可以利用实体所具有的特征，如指纹、视网膜来实现。

（6）路由控制机制。为了使用安全的子网、中继站和链路，既可预先安排网络的路由，也可对其进行动态的选择。安全策略可以禁止带有某些安全标签的信息通过某些子网、中继站和链路。

（7）防止业务流分析机制。通过填充冗余的业务流来防止攻击者进行业务流分析。填充过的信息要加保密保护才能有效。

（8）公证机制。公证机制是第三方（公证方）参与数字签名机制。它是基于通信双方对第三方的绝对信任，让公证方备有适应的数字签名、加密或完整性机制等。当实体间互通信息时，就由公证方利用所提供的上述机制进行公证。有的公证机制可以在实体连接期间进行实时证实；有的则在连接后进行非实时证实。公证机制既可防止接收方伪造签字，或否认收到过给他的信息，又可戳穿对所发放签发信息的抵赖。

2. 与管理有关的安全机制

（1）安全标签机制。可以让信息中的资源带上安全标签，以标明其在安全方面的敏感程度或保护级别，其可以是显露式的或隐藏式的，但都应以安全的方式与相关的对象结合在一起。

（2）安全审核机制。审核是指探测出和查明与安全有关的事件。要进行审核，就必须具备与安全有关的信息记录设备，以及对这些信息进行分析和报告的能力。安全审核机制指的是上述记录设备，分析和报告功能则归属于安全管理功能。

（3）安全恢复机制。安全性是指在破坏发生后采取各种恢复动作，以建立起具有一定模式的正常安全状态。恢复活动有三种：立即的、临时的和长期的。

三、安全系统的层次结构

在安全的计算机网络系统中，用户使用各种安全工具。计算机的网络环境可提供用户使用各种安全应用、安全服务和安全机制，它们一起构成了安全系统。国际标准组织给出了安全层次结构，如图 1–5 所示。

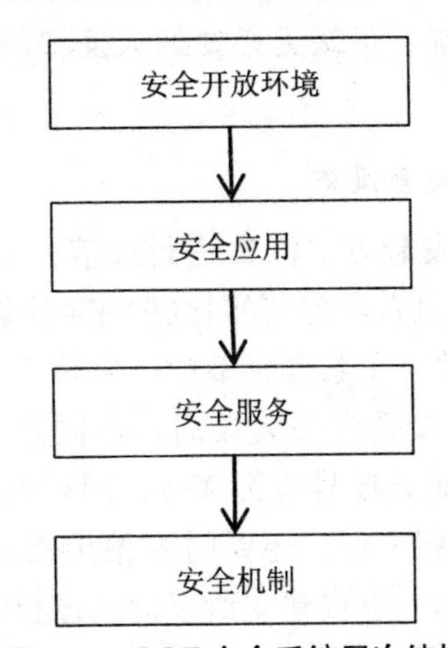

图 1–5　OST 安全系统层次结构

（一）陷门与防范

一般陷门是在程序开发时插入一段小程序，以用于测试这个模块或是为了连接将来的更改和升级程序，或者是为了将来发生故障后，为程序员提供方便等合法用途。通常在程序后期去掉这些陷门。但是由于各种有意或无意的原因，陷门也可能被保留下来。陷门主要包括以下几种。

（1）逻辑炸弹。对网络软件可以预留隐藏的、对日期敏感的定时炸弹。在一般情况下，网络处于正常工作状态，而一旦到了某个预定的日期，程序便自动跳到死循环程序，造成死机，甚至网络瘫痪。

（2）远程维护。某些通信设备具有一定的远程维护功能，即可以通过远程终端，由公开预留的接口进入系统，完成维护修改功能。

（3）贪婪程序。一般程序都有一定的执行时限。如果程序被有意或错误地更改，贪婪程序和循环程序被植入某些病毒，那么此程序就将会长期占用机时，造成意外阻塞，使合法用户被排挤在外，不能得到服务。

（二）操作系统的安全漏洞

（1）I/O 非法访问。在某些操作系统中，一旦 I/O 操作被检查通过之后，操作系统继续执行下去，而不再检查，则易造成后续操作非法访问。

（2）访问控制的混乱。安全访问强调隔离和保护措施，但资源共享要求公开开放。这是一对矛盾，如果在设计操作时，没能处理好两者之间的关系，就可能出现因为界限不清而造成操作系统的安全问题。

（3）操作系统陷门。某些操作系统为了安装其他公司的软件包，而保留了一种特殊的管理程序功能，但缺乏必要的认证和访问权限的限制，从而形成了操作系统陷门。

（三）TCP/IP 协议的安全漏洞

设发起方主机 A 和被发起方主机 B 进行通信，主机 A 的 TCP 向主机 B 的 TCP 发出连接请求报文段，其首部的同步比特 SYN 应置 1，同时选择一个序号 X，表明在后面传送数据时的第一个数据字节的序号是 X。

主机 B 的 TCP 收到连接请求报文段后，如同意，则发回确认。在确认报文段中应将 SYN 置为 1，确认序号应为 X+1，同时也为自己选择一个序号 Y。

主机 A 的 TCP 收到此报文后，还要向 B 给出确认。其确认序号为 Y+1。

整个过程如图 1–6 所示。连接建立所采用的过程叫作三次握手。

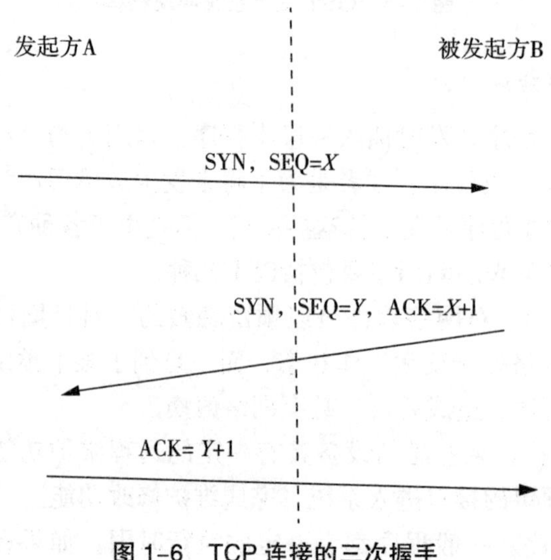

图 1–6　TCP 连接的三次握手

在这个连接过程中，如果发起方 A 发送的连接信息不是被合法的用户 B 收到，而是被一个非法的用户 C 收到，发起方就会和一个非法的用户 C 建立连接。这样就造成了一个非法的连接过程，使信息发往一个非法的用户。

（四）网络软件与网络服务的漏洞

（1）Finger 漏洞。在 TCP/IP 协议中，Finger 只需要一个 IP 地址便可以提供许多关于主机的信息，如谁在登录、登录时间、登录地址。这对于一个训练有素的黑客来讲，Finger 命令就是进入主机的一把利刃。

（2）匿名 FTP。FTP 虽然是一个合法的账号，但它不应具备可工作的壳（shell）。任何已登录到系统的用户，都不应该有创建文件和目录的权限，因为黑客完全可以在一个具有写权限的目录内，设置一个“特洛伊木马”。

（3）远程登录。在网络上运行 TelnetRlogin 等远程登录命令，由于跨越一些网络的传输口令，而 TCP/IP 协议对所有传输的信息又不加密，所以黑客只要在所攻击的目标主机的 IP 包内设置一条嗅探器程序，就可以截获目标命令。

第二章　计算机网络信息加密技术

第一节　密码学概述

对计算机网络安全来说，数据加密是一项非常重要的内容。在通过因特网传输文件、使用电子邮件进行商务往来的过程中，尤其在通过网络传输机密文件时，往往存在着各种各样的不安全因素。这些不安全因素一直以来固定存在于因特网自有的 TCP/IP 协议中，存在于基于 TCP/IP 的各项服务之中。而对传输数据进行加密可以有效防护多种攻击、漏洞，在加密数据后，即使黑客获取了口令，也是不可读的，文件加密后，只有收件人配合使用私钥才能解开，否则文件只能是一堆乱码，没有实际意义。在利用网络传输数据、文件时，使用加密的手段可以有效防止私有化或机密信息被窃取、拦截。文件加密不仅可以保护文件在网络及电子邮件中的传输，还可以保护静态文件，如当要保护硬盘、磁盘中的文件不被他人窃取或者某个文件需要保密时，就可以使用 PIP（个人信息管理）软件来实现这一目的。

加密是保障数据安全的一种方式，是一种主动的信息安全防范措施。其原理是利用加密算法，将明文转换成为无意义的密文，阻止非法用户理解原始数据，从而确保数据的保密性。明文变为密文的过程称为加密，由密文还原为明文的过程称为解密，加密和解密的规则称为密码算法。在加密和解密的过程中，由加密者和解密者使用的加、解密可变参数叫作密钥。目前，获得广泛应用的两种加密技术是对称密钥加密体制和非对称密钥加密体制。

无论是加密运算还是解密运算，密钥都具有关键的作用，是密码系统重要的组成部分。从近代密码体制层面看，密钥是否安全决定了密码系统是否安全，仅凭保密装置或者密钥算法也无法保证密码系统是安全的。即使密码体制被公之于众，密码设备受损或丢失，仍可以继续使用型号相同的加密设备完成加密工作，但是，一旦密钥出错或者丢失，就会导致信息被非法用户窃取，如果密钥被泄漏，则该文档虽然已经被加密，但其保密程度及安全性大大降低，甚至不如使用明文加密，因此，对计算机的安全保密系统设计来说，密钥管理极其重要。密钥管理包括生产、存储、使用、组织、分配、销毁钥匙等各种技术问题，还包括人员素质和行政管理方面的问题。

为保证网络信息的安全，当今世界各主要国家的政府部门都十分重视密码工作，有的设立庞大机构，拨出巨额经费，集中数以万计的专家和科技人员，投入大量高速的电子计算机和其他先进设备进行研究。同时，企业界和学术界也对密码设置日益重视，不少数学家、计算机学家和其他有关学科的专家也投身密码学的研究行列，这些都加快了密码学的发展。

一、加密的起源

加密作为保障数据安全的一种方式，其起源要追溯到公元前 2000 年。埃及人是最先使用象形文字作为信息编码的，随着时间的推移，巴比伦、美索不达米亚和希腊文明都开始使用一些方法来保护它们的书面信息。

加密技术可以应用于军事领域，最广为人知的编码机器是恩尼格玛密码机。在第二次世界大战中，德国人利用它创建了加密信息。当初，计算机的研究就是为了破解德国人的密码，人们并没有想到计算机为今天带来的信息革命。随着计算机运算能力的增强，过去的加密就变得十分简单，于是人们又不断地研究出新的数据加密方式，如利用 RSA 算法产生的私钥和公钥就是在这个基础上应运而生的。

二、密码学的基本概念

密码学是研究编制密码和破译密码的技术科学。研究密码变化的客观规律，应用于编制密码以保守通信秘密的，称为编码学；应用于破译密码以获取通信情报的，称为破译学，统称密码学。

密码是通信双方按约定的规则进行信息交流的一种重要保密手段。依照这些法则，变明文为密文，称为加密变换；变密文为明文，称为解密变换。早期密码仅对文字或数码进行加、解密变换，随着通信技术的发展，对语音、图像、数据等都可实施加、解密变换。

加密有载体加密和通信加密两种。密码学主要研究通信加密，并且仅限于数据通信加密。

要详细、深入地了解密码学，首先要掌握以下基本术语。

●密码。用来检查对系统或数据未经验证访问的安全性的术语或短语。

●加密。通过密码系统把明文变换为不可懂的形式的密文。

●加密算法。实施一系列变换，使信息变成密文的一组数学规则。

●解密。使用适当的密钥，将已加密的文本转换成明文。

●密文。经过加密处理而产生的数据，其语义内容是不可用的。

●明文。可理解的数据，其语义内容是可用的。

●公共密钥。公共密钥是加密系统的公开部分，只有所有者才知道私有部分的内容。

●私有密钥。公钥加密系统的私有部分。私有密钥是保密的，不通过网络传输。

●数字签名。附加在数据单元上的一些数据，或是对数据单元所做的密码变换。这种数据或变换允许数据单元的接收者用以确认数据单元的来源和数据单元的完整性，并保护数据，防止被他人（如接收者）伪造。

●身份认证。验证用户、设备和其他实体的身份；验证数据的完整性。

●机密性。这一性质使信息不泄露给非授权的个人、实体或进程，不为其所用。

●数据完整性。信息系统中的数据与原文档相同，未曾遭受偶然或恶意的修改或破坏。

●防抵赖。防止在通信中涉及的实体不承认参加了该通信的全部或一部分。

其中加密与解密是一对相反的概念，图 2-1 为加密与解密的过程示意图。

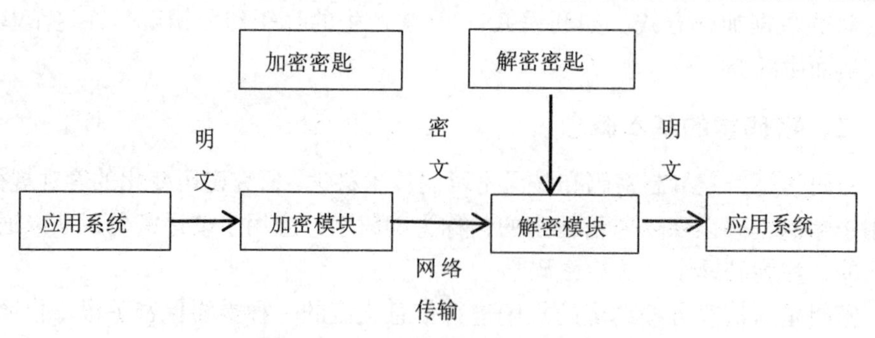

图 2-1 加密与解密过程示意图

三、传统加密技术

传统的加密方法可以分为替代密码与换位密码两类。

（一）替代密码

在替代密码中，用一组密文字母来代替一组明文字母以隐藏明文，但保持明文字母位置不变。

最古老的替代密码是恺撒密码，它用D表示a，用E表示b，用F表示c……用C表示z，也就是说，密文字母相对明文字母右移了3位。为清楚起见，一律用小写表示明文，用大写表示密文，这样明文的“cipher”就变成了密文的“FLSKHU”。一般地，可以让密文字母相对明文字母左移1位，这样*K*就成了加密和解密的密钥。这种密码是很容易被破译的，因为最多只需尝试25次（*K*=1～25）即可轻松破译密码。

较为复杂的密码使明文字母和密文字母之间互相映射，它没有规律可循。比如，将26个英文字母随意映射到其他字母上，这种方法称为单字母表替换，其密钥是对应整个字母表的26个字母。虽然初看起来这个系统是很安全的，因为若要试遍所有26种可能的密钥，即使计算机每微秒试一个密钥，也需要1 013年。但事实上完全不需要这么做，破译者只要拥有很少一点密文，利用自然语言的统计特征，就很容易破译密码。破译的关键在于找出各种字母或字母组合出现的频率，如经统计发现，英文中字母e出现的频率最高，其次是t、o、a、n、i等，最常见的两字母组合依次为th、in、er、re和an，最常见的3字母组合依次为the、ing、and和ion。因此，破译者首先可将密文中出现频率最高的字母定为e，频率次高的字母定为t，然后猜测最常见的两字母组、多字母组。比如，密文中经常出现tXe，就可以推测X很可能就是h，如经常出现thYt，则Y很可能就是a。采用这种合理的推测，破译者就可以逐字逐句组织出一个试验性的明文。

为去除密文中字母出现的频率特征，可以使用多张密码字母表，对明文中不同位置上的字母用不同的密码字母表来加密。比如，任意选择26张不同的单字母密码表，相互间排定一个顺序，然后选择一个简短易记的单词或短语作为密钥，在加密一条明文时，将密钥重复写在明文的上面，则每个明文字母上的密钥字母即指出该明文字母用哪一张单字母密码表来加密。

比如，要加密明文“please cary the last plan”，密钥为“computer”，则将“computer”重复写在报文上面，如表2-1所示。

表2-1　把一段明文用密钥为“computer”进行加密

c	o	m	p	u	t	e	r	e	o	...	c	o	m	p	u	t	e	r	e	
p	1	e	a	s	e	c	a	r	r	...	e	1	a	s	t	p	1	a	n	

于是第1个明文字母p用第3张（假设a～z分别表示顺序1～26）单字

母密码表加密，第2个明文字母1用第12张单字母密码表加密……显然，同一个明文字母因位置不同而在密文中可能用不同的字母来表示，从而消除了各种字母出现的频率特征。

虽然多字母密码表破译起来有一定的难度，但只要破译者掌握了一定数量的密文，仍旧能够将其内容破译出来。猜测密钥的长度是破译的关键诀窍。首先，破译者需要对密钥的长度做出一个假设，然后再按照每行 k 个字母的规律将密文排列起来，形成若干行密文，如果假设与实际结果相同，则在同一列中排列的密文字母在加密时应使用了同一单字母密码表，其中的各个密文字母都与英文有相同的频率分布，即依据由高到低的使用频率及对应明文字母，如13% 对应 e、9% 对应 t……来破译密文。如果猜测错误，则调整 k 值重新尝试，当猜测正确时，就可以使用破译单字母表密码的方式逐列破译。

（二）换位密码

换位密码（又叫置换加密）是将明文字母互相换位，明文的字母保持相同，但顺序被打乱。它最大的特点是不需对明文字母做任何变换，只需对明文字母的顺序按密钥的规律相应地排列组合后输出形成密文。

线路加密法是一种换位加密。在线路加密法中，明文的字母按规定的次序排列在矩阵中，然后用另一种次序选出矩阵中的字母，排列成密文。如在纵行换位密码中，明文以固定的宽度水平地写出，密文按垂直方向读出。

明文：COMPUTERGRAPHICSMAYBESLOWBUTATLEASTTTSEXPENSIVE

将明文按长度 10 为一行，排成纵列：

COMPUTERGR

APHICSMAYB

ESLOWBUTAT

LEASTTTSEX

PENSIVE

然后按垂直方向写出密文：

密文：CAELPOPSEEMHLANPIOSSUCWTITSBTVEMUTERATSGYAERBTX

从上例可以看出，无论怎样换位置，密文字符与明文字符的数目保持相同，对密文字母的统计分析很容易决定字母的准确顺序。

此种加密方法保密程度较高，但其最大的缺点是密文呈现字母自然出现频率，破译者只要稍加统计即可识别此类加密方法，然后采取先假定密钥长度的方法，对密文进行排列组合，并借助计算机的高速运算能力及常用字母的组合规律，也可以进行不同程度的破译。

以上是传统加密的方法，它有以下特点：一是加密密钥与解密密钥相同；二是加密算法比较简单，主要侧重于增加密钥长度以提高保密程度。

四、公开密钥算法

1976年，Hellman和Diffie提出了公开密钥加密，这一算法的提出是真正意义上对几千年人类发展史中第一次文字加密的革命性飞跃。位操作并不是建立公钥的依据，公钥是以数学函数为基础完成建立的。需要注意的是，公钥加密并不对称，其中包含公钥与私钥两个不同的部分，这一点明显不同于只有一种密钥的常规、对称的加密方式。使用两种密钥加密文件的公开密钥算法的产生，深刻影响了身份验证、密钥分发及机密性领域。要想保证数据保密性、完整性，发送者认证、发送者不可否认等方面都可以使用公钥加密算法。

在公开密钥算法提出之前，所有密码系统的解密密钥和加密密钥都有很直接的联系，即从加密密钥可以很容易地导出解密密钥。因此，所有的密码学家理所当然地认为应对加密密钥进行保密。但是Hellman和Diffie提出了一种完全不同的设想，从根本上改变了人们研究密码系统的方式。

在Hellman和Diffie提出的方法中，加密密钥和解密密钥是不同的，并且从加密密钥不能得到解密密钥。为此，加密算法E和解密算法D必须满足以下3个条件。

（1）D（E（P））=P。

（2）从E导出D非常困难。

（3）由一段明文不可能破译出E。

第一个条件是指将解密算法D作用于密文E（P）后就可获得明文P；第二个条件是不可能从E导出D；第三个条件是指破译者即使能加密任意一段明文，也无法破译密码。如果能够满足以上3个条件，则加密算法完全可以公开。

Diffie和Hellman算法的基本思想：如果某个用户希望接收秘密报文，他必须设计两个算法，即加密算法E和解密算法D，然后将加密算法放于任何一个公开的文件中广而告之，这也是公开密钥算法名称的由来，他甚至还可以公开他的解密方法，只要妥善保存解密密钥即可。当两个完全陌生的用户A和B希望进行秘密通信时，各自可以从公开的文件中查到对方的加密算法；若A需要将秘密报文发给B，则A用B的加密算法E对报文进行加密，然后将密文发给B，B使用解密算法D进行解密，而除B以外的任何人都无法读懂这个报文；当B需要向人发送消息时，B使用A的加密算法E对报文进行加密，然后发给A，

A 利用解密算法 D 进行解密。

在使用这种算法时，每个用户都会有两个密钥，向发送报文的一方提供其中公开的加密密钥，在收到加密文件后，使用另外一个保密的解密密钥解密密文，获取文件信息。在公开密钥算法中，通常以公开密钥称呼加密密钥，以私有密钥称呼解密密钥，二者的区分以传统密码学的秘密密钥为依据。由于只有用户自己掌握私有密钥，不会发给他人，所以在文件、数据传输的过程中不需要担心被其他用户泄密，文件数据的安全性十分有保障。在使用公开密钥传出文件数据时，生成中心密钥的设备会先生成一个密钥，再以公开加密算法加密密钥，将加密的密钥发给用户，再由用户使用自己的私有密钥完成解密，操作便捷安全。利用这种算法可以制定出一个较为保密的会话密钥，还可以用于完全陌生的两个用户之间。

由于公开密钥算法潜在的优越性，研究者们一直在努力寻找符合以上 3 个条件的算法，目前已经有一些算法被提了出来，其中较好的一个是由 MIT 的一个研究小组提出的，并以 3 个发现者名字的首字母命名，称为 RSA 算法。RSA 算法基于一些数论的原理，在此不对它做理论上的推导，只说明如何使用这种算法。

● 选择两个大素数 p 和 q（典型值为大于 10100）。

● 计算 $n=p\#q$ 和 $z=(p-1)(q-1)$。

选择一个与 z 互质的数，令其为 A。

● 找到一个 e 使满足 $ed=1\ \mathrm{mod} z$。

计算以上参数后，就可以对明文加密。首先将明文看成一个位串，将其划分成一个个的数据块 P 且 $0<-P<n$。要做到这一点并不难，只需先求出满足 $2k<n$ 的最大 k 值，然后使得每个数据块长度不超过 k 即可。对数据块 P 进行加密，计算 $C=P^e$（mod$n$），C 即为 P 的密文；对 C 进行解密，计算 $P=C^d$（mod$n$）。可以证明，对于指定范围内的所有 P，其加密函数和解密函数互为反函数。进行加密需要参数 e 和 m，进行解密需要参数 d 和 n，所以公开密钥由（e，m）组成，私有密钥由（d，n）组成。

RSA 算法的安全性建立在难以对大数提取因子的基础上，如果破译者能对已知的 n 提取出因子 p 和 q 就能求出 z，知道了 z 和 e，就能利用 Euclid 算法求出 d。所幸的是，300 多年来虽然数学家们已对大数因式分解的问题做了大量研究，但并没有取得任何进展，到目前为止这仍是一个极其困难的问题。据 Rivest 等的推算，用最好的算法和指令时间为 1 μs 的计算机对一个 200 位的十进制数做因式分解，需要 40 亿年的时间，而对一个 500 位的数做因式分解，则需要 1025 年。即使计算机的速度每 10 年提高一个数量级，能做 500 位数的因式分解也是在若干世纪之后，然而到那时，人们只要选取更大的 p 值和 g 值就行了。

为了演示 RSA 算法的使用，在此举一个简单的例子。假设取 p=3，q=11，则计算出 n=33 和 z=20。由于 7 和 20 没有公因子，因此可取 d=7；解方程 7e=I（mod20）可以得到 e=3。由此公开密钥为（3，33），私有密钥为（7，33）。假设要加密的明文为 M=4，则 $C=M^e$（mod n）$=4^3$（mod33）=31，于是对应的密文为 C=31。接收方收到密文后进行解密，计算 $M=C^d$（mod$n$）$=31^7$（mod33）=4，恢复出原文。

应该指出的是，与对称密码体制 DES 相比，虽然 RSA 算法具有安全、方便的特点，但它的运行速度太慢。因此，RSA 体制很少用于数据加密，而多用在数字签名、密钥管理和认证等方面，数据的加密仍使用秘密密钥算法。

1985 年，Elgamal 构造了一种基于离散对数的公钥密码体制，这就是 Elgamal 公钥体制。Elgamal 公钥体制的密文不仅依赖待加密的明文，而且依赖用户选择的随机参数，即使加密相同的明文，得到的密文也是不同的。由于这种加密算法的非确定性，又称其为概率加密体制。在确定性加密算法中，如果破译者对某些关键信息感兴趣，则他可事先将这些信息加密后存储起来，一旦以后截获密文，就可以直接在存储的密文中进行查找，从而求得相应的明文。概率加密体制弥补了这种不足，进一步提高了安全性。

与既能做公钥加密又能做数字签名的 RSA 不同，Elgamal 签名体制是在 1985 年仅为数字签名而构造的签名体制。NIST 采用修改后的 Elgamal 签名体制作为数字签名体制标准。破译 Elgamal 签名体制等价于求解离散对数问题。

背包公钥体制是 1978 年由 Merkle 和 Hellman 提出的。背包算法的思路是假定某人拥有大量的物品，重量各不相同。此人通过秘密地选择一部分物品并将它们放到背包中来加密消息。背包中的物品总质量是公开的，所有可能的物品也是公开的，但背包中的物品却是保密的。附加一定的限制条件，给出质量，而要列出可能的物品，在计算上是不可实现的。这就是公开密钥算法的基本思想。

大多数公钥密码体制都会涉及高次幂运算，不仅加密速度慢，而且会占用大量的存储空间。背包问题是熟知的不可计算问题，背包体制以其加密、解密速度快而引人注目。但是，大多数背包体制均被破译了，因此，很少有人使用它。

目前许多商业产品采用的公钥算法还有 Difie–Hellman 密钥交换、数据签名标准 DSS 和椭圆曲线密码技术等。

五、加密技术在网络中的应用

加密技术用于网络安全通常有两种形式，即面向网络服务或面向应用服务。

面向网络服务的加密技术工作在网络层或传输层，使用经过加密的数据包传送、认证网络路由以及其他网络协议所需的信息，从而保证网络的连通性和可用性不受损害。在网络层实现的加密技术对网络应用层的用户而言是透明的。此外，通过适当的密钥管理机制，使用这一方法还可以在公用网络上建立虚拟专用网络，并保障其信息安全性。

面向网络应用服务的加密技术是目前较为流行的加密技术，如使用 Kerbems 服务的 Telnet、NFS、Rlogin 等，以及用作电子邮件加密的 PEM（Privacy Enhanced Mail）和 PGP（Pretty Good Privacy）。这一类加密技术实现起来相对较为简单，不需要对电子信息（数据包）所经过的网络安全性能提出特殊要求，对电子邮件数据实现端到端的安全保障。

从通信网络的传输角度，数据加密技术还可分为以下 3 类，即链路加密方式、节点到节点方式和端到端方式。

（1）链路加密方式是普通网络通信安全主要采用的方式。它不但对数据报文的正文进行加密，而且把路由信息、校验码等控制信息全部加密。所以，当数据报文到某个中间节点时，必须被解密以获得路由信息和校验码，进行路由选择、差错检测，然后才能被加密，发送到下一个节点，直到数据报文到达目的节点为止。

（2）节点到节点加密方式是为了解决在节点中数据明文传输的缺点，在中间节点里装有加、解密的保护装置，由这个装置来完成一个密钥向另一个密钥的交换。因而，除了在保护装置内，即使在节点内也不会出现明文。但是这种方式和链路加密方式一样需要公共网络提供者配合，修改它们的交换节点，增加安全单元或保护装置。

（3）在端到端加密方式中，由发送方加密的数据在没有到达最终目的节点之前是不被解破的，加、解密只在源宿节点进行。因此，这种方式可以按各种通信对象的要求改变加密密钥，以及按应用程序进行密钥管理等，而且采用这种方式可以解决文件加密问题。

链路加密方式和端到端加密方式的区别是，链路加密方式是对整个链路的通信采用保护措施，而端到端方式则是对整个网络系统采取保护措施。因此，端到端加密方式是未来的发展趋势。

第二节　对称式密码系统

一、对称密码系统的原理

对称密钥系统要有一个集中的安全服务中心，以起到密钥分配中心的作用，负责密钥的生成、分配、存储管理等。图 2-2 描述了用对称密钥系统实现安全通信的原理。

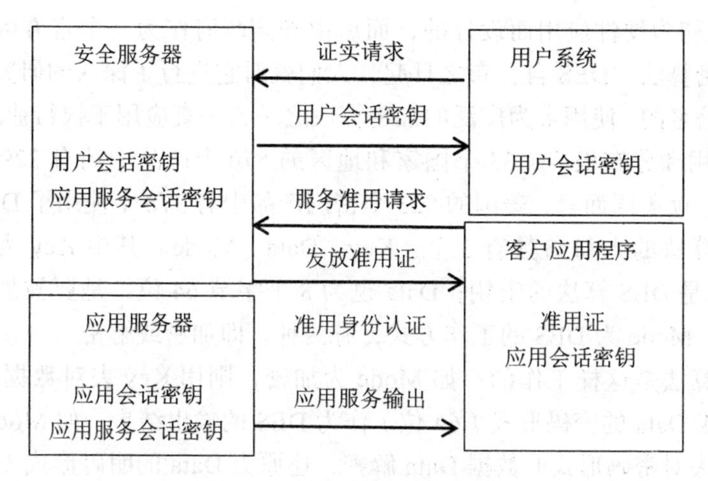

图 2-2　对称密钥系统原理图

（1）用户登录到网上。

（2）在身份证实成功后，会收到一个用户会话密钥，这个密钥用来与安全服务器通信。安全服务器在分配这个密钥的同时保留它的副本，以后用它来对用户发来的信息进行解密。

（3）用户先启动一个客户程序，然后该客户程序向应用服务器发出服务请求。但在请求提交应用服务之前，客户程序要先向安全服务器申请一个准用证，具备准用证之后才可以访问应用服务器。

（4）安全服务器在这里作为密钥分配中心（KDC），向客户端分配加密的准用证。准用证包括用户身份和一个应用会话密钥。准用证用安全服务器与应用服务器共享的密钥（应用服务密钥）加密，因此，只有它们才能对证书解密，用户无法更改证书。包含准用证和会话密钥的包采用用户密钥加密，只有用户本人可以解密。

（5）客户程序把准用证和应用请求一同提交给应用服务器，如果应用服务器可以对准用证实现解密，则说明该服务器不是冒牌的。由于用户无法更改准用证中的用户身份域，应用服务器可以用准用证证实用户身份。

（6）一旦应用服务器确认了用户身份，便根据与该用户身份对应的存取控制信息决定用户是否有该操作的权力。应用服务器对客户的响应采用应用会话密钥加密。

二、DES 加解密算法

DES（Data Encryption Standard，数据加密标准）是由 IBM 公司在 20 世纪 70 年代初为硬件应用而设计的，而后由美国政府作为一个官方标准定义和支持的加密算法。DES 自公布之日起，人们就对它进行了深入的研究，它是世界上最为著名的、使用最为广泛的加密算法之一，一直应用于银行业和金融界。DES 的应用和分布极广，33 个国家和地区的 570 个产品中约有 229 个使用了 DES 算法。就美国而言，美国的 823 个密码产品中有 378 个使用了 DES 算法。

DES 算法的入口参数有 3 个：Key、Data、Mode。其中 Key 为 8 个字节共 64 位，是 DES 算法的密钥；Data 也为 8 个字节 64 位，是要被加密或被解密的数据；Mode 为 DES 的工作方式，有两种，即加密或解密。

DES 算法是这样工作的：如 Mode 为加密，则用 Key 去对数据 Data 进行加密，生成 Data 的密码形式（64 位）作为 DES 的输出结果；如 Mode 为解密，则用 Key 去对密码形式的数据 Data 解密，还原为 Data 的明码形式（64 位）作为 DES 的输出结果。

DES 可提供 7.2×10^{16} 个密钥，若用每微秒可进行一次 DES 加密的机器来破译密码需要 2000 年。

在通信网络的两端，双方约定了一致的 Key。在通信的源点用 Key 对核心数据进行 DES 加密，然后以密码形式在公共通信网（如电话网）中传输到通信网络的终点。数据到达目的地后，用同样的 Key 对密码数据进行解密，便再现了明码形式的核心数据。这样，便保证了核心数据（如 PIN、MAC）在公共通信网中传输的安全性和可靠性。

通过定期在通信网络的源端和目的端同时改用新的 Key，便能进一步提高数据的保密性，这正是现在金融交易网络的流行做法。

（一）DES 算法概述

DES 是一种数据分组的加密算法，它将数据分成长度为 64 位的数据块，其中，第 8，16，…，64 位（共 8 位）是奇偶校验位，剩余的 56 位是有效的密码长度。通过一个初始置换，将明文分成均为 32 位长的左半部分和右半部分，然后进行 16 轮完全相同的运算，这些运算被称为函数 f。在运算过程中数据与密钥结合。经过第 16 轮运算后，左右半部分合在一起，再经过一个末置换（初始置换的逆置换），DES 算法就完成了。

在每一轮中，密钥位移，然后再从密钥的 56 位中选出 48 位。通过一个扩展置换将数据的右半部分扩展成 48 位，并通过一个异或操作与 48 位密钥结合，通过 8 个 S 盒置换将这 48 位替代成新的 32 位数据，再将其通过 P 盒置换一次。这四步运算构成了函数 f。然后，通过另一个异或运算，函数 f 的输出与左半部分结合，其结果即新的右半部分，原来的右半部分成为新的左半部分。将该操作重复 16 次，便实现了 DES 的 16 轮运算。

假设 B_i 是第 i 次迭代的结果，L_i 和 R_i 是 B_i 的左半部分和右半部分，K_i 是第 i 轮的 48 位密钥，且 f 是实现扩展置换密钥异或、S 盒置换、P 盒置换等运算的函数，那么每一轮都是：

$1=(a \cdot x) \bmod n$

（二）各功能模块的具体实现

1. 初始置换

初始置换的功能是把原始输入（明文）的 64 位数据块按位重新组合，并把结果分为左半部分（L_0）和右半部分（R_0）。

初始置换规则如表 2-2 所示。

表 2-2　初始置换规则表

58，	50，	42，	34，	26，	18，	10，	2，	60，	52，	44，	36，	28，	20，	12，	4，
62，	54，	46，	38，	30，	22，	14，	6，	64，	56，	48，	40，	32，	24，	16，	8，
57，	49，	41，	33，	25，	17，	9，	1，	59，	21，	43，	35，	27，	19，	11，	3，
61，	53，	45，	37，	29，	21，	13，	5，	63，	55，	47，	39，	31，	23，	15，	7，

表 2-2 中，具体的数值代表明文中的 64 位数据块的原排列顺序，这些数值在表中的位置代表初始置换后的排列顺序，即将明文数据的第 58 位置换到第 1 位，第 50 位换到第 2 位……，依此类推，第 7 位置换到最后一位（第 64 位）。

经过初始置换后，输出的左 32 位 L_0 和右 32 位 R_0 如表 2-3 所示。

表 2-3　初始置换后的输出值 L_0 和 R_0

L_0	58，50，42，34，26，18，10，2，60，52，44，36，28，20，12，4，62，54，46，38，30，22，14，6，64，56，48，40，32，24，16，8，
R_0	57，49，41，33，25，17，9，1，59，51，43，35，27，19，11，61，61，53，45，37，29，21，13，5，63，55，47，39，31，23，15，7，

2. 末置换

经过 16 次迭代运算后，得到 L_{16}、R_{16}，将此作为输入，进行逆置换，即得到密文输出。

末置换正好是初始置换的逆运算，例如，第 1 位经过初始置换后，处于第 40 位，而通过末置换，又将第 40 位换回到第 1 位；第 2 位经过初始置换后，处于第 8 位，而通过末置换，又将第 8 位换回到第 2 位……

末置换的置换规则如表 2-4 所示。

表 2-4　末置换规则表

40，	8，	48，	16，	56，	24，	64，	32，	39，	7，	47，	15，	55，	23，	63，	31，
38，	6，	46，	14，	54，	22，	62，	30，	37，	5，	45，	13，	53，	21，	6，	29，
36，	4，	44，	12，	52，	20，	60，	28，	35，	3，	43，	11，	51，	19，	59，	27，
34，	2，	42，	10，	50，	18，	58，	26，	33，	1，	41，	9，	49，	17，	57，	25，

3. 子密钥 *Ki* 的计算

先讨论子密钥 K_0 的计算。

密钥 K_0 主要由初始密钥置换、移位变换和压缩置换等步骤组成，以下介绍这些步骤的要点。

（1）初始密钥置换规则：开始时，因不考虑每个字节的第 8 位，DES 的密钥由 64 位减少至 56 位，其密钥置换规则如表 2-5 所示。

表 2-5　初始密匙置换规则表

57，	49，	41，	33，	25，	17，	9，	1，	58，	50，	42，	34，	26，	18，
10，	2，	59，	51，	43，	35，	27，	19，	11，	3，	60，	52，	44，	36，
63，	55，	47，	39，	31，	23，	15，	7，	62，	54，	46，	38，	30，	22，
14，	6，	61，	53，	45，	37，	29，	21，	13，	5，	28，	20，	12，	4，

（2）移位规则：将上述 56 位密钥分成两部分，每部分均为 28 位。然后，根据轮数对移位位数的要求，分别对这两部分按规定的移位位数进行循环左移。表 2-6 给出了每一轮的移位位数。

表 2-6 每一轮的移位规则表

轮数	1	2	3	4	5	6	7	8	9	10	11	12	13	14	15	16
位数	1	1	2	2	2	2	2	2	1	2	2	2	2	2	2	1

（3）压缩置换：将上述移位后的两部分合并后的数据（56 位），压缩至 48 位。压缩置换规则如表 2-7。

表 2-7 压缩置换规则表

14，	17，	11，	24，	1，	5，	3，	28，	15，	6，	21，	10，
23，	19，	12，	4，	26，	8，	16，	7，	27，	20，	13，	2，
41，	52，	31，	37，	47，	55，	30，	40，	51，	45，	33，	48，
44，	49，	39，	56，	34，	53，	46，	42，	50，	36，	29，	32，

经过以上变换（或运算），便得到了子密钥 K_0（48 位）。

利用获得 K_0 的步骤 2 的结果作为新一轮移位变换的输入，按第 2 轮移位位数进行新一轮移位变换，并进行压缩置换，便得到了子密钥 K_1。依此类推，便可得到子密钥 K_2，…，K_{15}。

4. 函数 f（R_{i-1}，Ki）的计算

函数 f（R_{i-1}，K_i）的计算主要包括扩展置换、密钥异或、S 盒置换、P 盒置换等运算。

（1）扩展置换：将右半部分 R_{i-1} 从 32 位扩展至 48 位。其扩展置换规则见如 2-8 所示。

表 2-8 扩展置换规则表

32，	1，	2，	3，	4，	5，	4，	5，	6，	7，	8，	9，
8，	9，	10，	11，	12，	13，	12，	13，	14，	15，	16，	17，
16，	17，	18，	19，	20，	21，	20，	21，	22，	23，	24，	25，
24，	25，	26，	27，	28，	29，	28，	29，	30，	31，	32，	1，

（2）密钥异或：将上述经扩展置换后的 R_i–1（48 位）与子密钥 K_i（48 位）按位进行异或运算。

（3）S 盒置换：

S 盒置换的功能是将第 2 步得到的 48 位数据置换成 32 位。其置换过程如图 2–3 所示，它是输入的 48 位按顺序分成 8 组，每组 6 位，然后分别将每组数据相应地通过 S_1，S_2，…，S_8 等 S 盒置换，分别将每组的 6 位数据置换成 4 位，这样便得到 32 位数据。

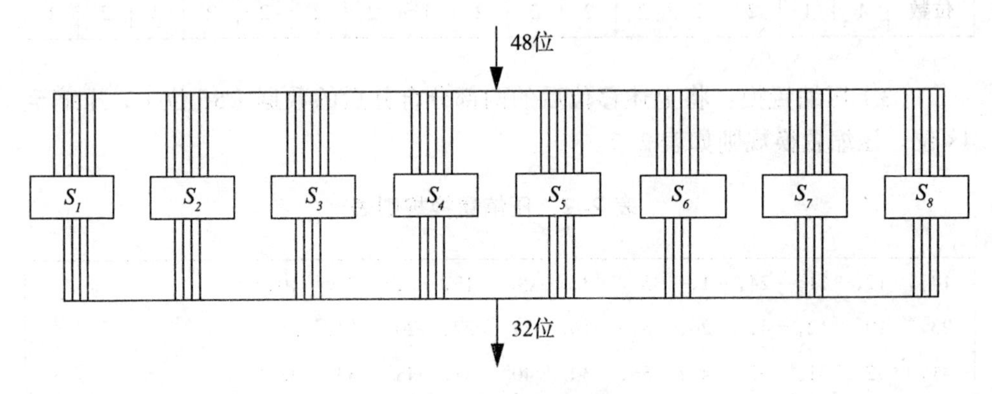

图 2–3　S 盒置换过程

以下简要介绍 S 盒置换的基本原理，看看它是如何将 6 位数据置换成 4 位数据的。

假定 S 盒的 6 位输入数据为 $D_1D_2D_3D_4D_5D_6$，首先根据此数确定“行数和列数”，其中，行值 $=D_1D_6$，列值 $=D_2D_3D_4D_5$；再由行值和列值，在 S 盒置换规则表中的矩阵 $\boldsymbol{S}_i$ 中，查找出对应于该行值列值的元素值，该值就是要得到的结果（4 位二进制数）。

例如，在 $\boldsymbol{S}_i$ 中，若其 6 位输入为（110101）2，则行值 $=D_1D_6=$（3）10，列值 $=D_2D_3D_4D_5=$（10）10，而在 $\boldsymbol{S}_i$ 中的第 3 行 10 列所对应的元素值是（3）10=（0011）2，因此，所得到的 4 位数据为 0011。

（4）P 盒置换：又称为直接置换或单纯置换，其基本功能就是将第 3 步得到的 32 位数据置换成 32 位，且任一位不能被置换两次，也不能被忽略。

三、EES 加密算法

EES（Escrowed Encryption Standard，契据加密标准或第三方管理密钥的加密标准）是美国国家安全局和国家标准与技术局研制的一种特殊形式的对称密钥加密系统，以此作为一种在线路交换电信系统中对语言、传真、计算机信息传输的自愿参加的联邦加密标准。它是通过在电信设备中使用 Clipper 芯片来实现的，其加密密钥由政府代为保管，司法部门可授权随时获取。

它采用一种被称作 SKIPJACK 的 80 位加密算法，其密钥数量比 DES 多 1600 余倍。

EES 的初衷是满足电话线和传真的安全需要，后逐渐被应用到因特网领域。

（一）EES 的工作原理

托管加密标准 EES 是由防窜扰的 Clipper 芯片来实现的，以下从三方面介绍其工作原理。

1. EES 芯片信息

Clipper 芯片除了安装一个固定的操作程序和 SKIPJACK 算法外，还安装了以下信息：①一个唯一的设备密钥 UKA，它是由两个独立的委托代理将各自产生的密钥成分 K_1、K_2 输入程序 UKA=K_1 & K_2 产生的，其中 K_1 和身份号 IDA 由委托代理 1 托管，K_2 和 IDA 由委托代理 2 托管。②一个组密钥 *FK*，且所有可相互操作的 EES 设备含有相同的组密钥等。

2. EES 加解密过程

若用户 A 想使用他的 Clipper 芯片将加密消息 *M* 传送给用户 B，则 A 用户首先要使用密钥分配协议与用户 B 交换会话密钥，然后 A 把会话密钥 *K* 和消息 *M* 输入 ChipA。ChipA 产生两部分信息：*E*（*K*，*M*）和 LEAF（A，*K*），其中，E（*K*，*M*）是用 SKIPJACK 算法和密钥 *K* 对消息 *M* 加密所得的密文，LEAF（A，K）是用族密钥 *FK* 对一个 128 比特串加密的密文，其形式如下。

$LEAF(\mathrm{A}, K) = E(FK, D(\mathrm{A}, K))$

$D(\mathrm{A}, K) = <\mathrm{IDA}, E(\mathrm{UKA}, K), F(\mathrm{A}, K, \mathrm{IV})>$

其中，*D*（A，*K*）含有一个 32 比特的用户 A 的身份号 IDA，一个 80 比特长的会话密钥加密拷贝，一个 16 比特长的校验和 *F*（A，*K*，IV）。

用户 B 收到密文 *E*（*K*，M）和 LEAF（A，*K*）后，虽然知道会话密钥 *K*，但由于不知道 SKIP-JACK 算法，仍无法解密，所以只有利用 Clipper 芯片才能解密，且每个 Clipper 芯片的解密过程被按照如下程序固化。

（1）Clipper 芯片首先使用族密钥 *FK* 解密 LEAF（A，*K*）得到

$D(\mathrm{A}, K) = <\mathrm{IDA}, E(\mathrm{UKA}, K), F(\mathrm{A}, K, \mathrm{IV})>$

（2）Clipper 芯片计算 *F*（A，*K*，IV），并把结果与收到的校验和相比较，如果相等，则转到（3），否则停止计算。

（3）Clipper 芯片使用 SKIPJACK 算法和密钥 *K* 对 *E*（*K*，*M*）解密恢复出明文 *M*。

注意：由上面解密过程可知用户 B 可使用任一个 Clipper 芯片来解密。

3. EES 监听过程

监听机构获取法律部门颁发的监听证书指令后，通过以下过程实施监听。

（1）监听机构将指令和 IDA 分别出示给两个委托代理。

（2）委托代理验证了法院的指令后，分别把他们所托管的用户 A 的密钥碎片 K_1、K_2 和组密钥 FK 交给监听机构。

（3）监听机构首先利用 FK 解出 D（A，K），然后由 UKA=K_1&K_2 计算出 UKA，再用 UKA 解密 E（UKA，K）得到会话密钥 K，最后用 K 解密 E（K，M），恢复出明文 M，从而实现对 A 与 B 通信的监听。

（二）EES 的安全性

SKPJACK 算法属于对称密钥体制，是 EES 的核心，它使用 80 比特的密钥来将 64 比特的输入变换成 64 比特的输出。

SKIPJACK 算法的分组长度与 DES 一样，但密钥比 DES 长 24 比特。它支持 ECBCBC、64 位 OFB 和 1 位、8 位、16 位、32 位、64 位的 CFB 加密方式。

为了向外界证实该算法的可靠性，美国政府邀请了 5 位独立的数据安全专家（大学教授或有关权威）对 SKIPJACK 算法进行评价，得出结论：用目前已知的任何方法尚不能攻破。

（三）EES 算法应用

EES 在 1994 年首先应用在 AT&T 电话安全装置（TSD）中。在实际使用中，会话密钥往往通过某种公开密钥方式进行分配，如使用离散对数法。在会话密钥 K 建立之后，芯片自动产生 E 和 LEAF，并发往接收方进行验证和同步（也可以进行双向的相互验证）。一旦验证完成，双方进入同步状态，开始使用 K 进行保密通信（数字电话），也可进行数据通信，速率可达 21 Mbps。

第三节　非对称式密钥系统

1976 年，美国学者 Dife 和 Hellmnan 为解决信息公开传送和密钥管理问题，提出了一种新的密钥交换协议，即允许在不安全的媒体上的通信双方交换信息，安全地达成一致的密钥，这就是“公开密钥系统”。

与对称加密算法不同，非对称加密算法需要两个密钥：公开密钥和私有密钥。公开密钥与私有密钥是一对，如果用公开密钥对数据进行加密，只有用对应的私有密钥才能解密；如果用私有密钥对数据进行加密，那么只有用对应的公开密钥才能解密。因为加密和解密使用的是两个不同的密钥，所以这种算法叫作非对称加密算法，也叫公钥加密算法。

一、工作原理

如图 2-4 所示，甲乙之间使用非对称加密的方式完成了重要信息的安全传输。

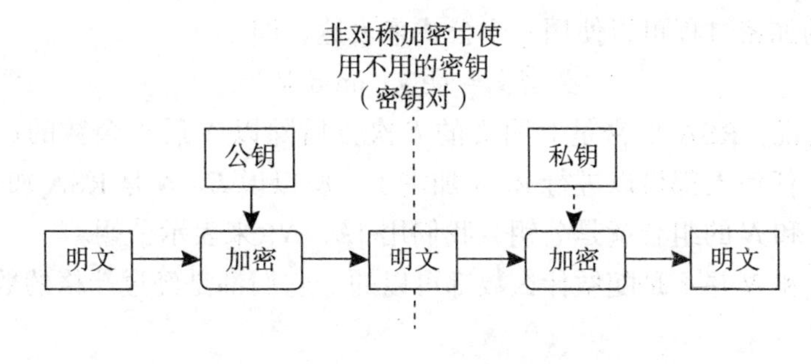

图 2-4　非对称加密

（1）乙方生成一对密钥（公钥和私钥）并将公钥向其他方公开。

（2）得到该公钥的甲方使用该密钥对机密信息进行加密后再发送给乙方。

（3）乙方再用自己保存的另一把专用密钥（私钥）对加密后的信息进行解密。乙方只能用其专用密钥（私钥）解密由对应的公钥加密后的信息。

在传输过程中，即使攻击者截获了传输的密文，并得到了乙的公钥，也无法破解密文，因为只有乙的私钥才能解密密文。

同样，如果乙要回复加密信息给甲，那么需要甲先公布甲的公钥给乙用于加密，甲自己保存甲的私钥用于解密。

二、优缺点

非对称加密与对称加密相比，其安全性更好。对称加密的通信双方使用相同的秘钥，如果一方的密钥泄露，那么整个通信就会被破解；而非对称加密使用一对密钥，一个用来加密，一个用来解密，而且公钥是公开的，私钥是自己保存的，不需要像对称加密那样在通信之前要先同步密钥。

非对称加密的缺点是加密和解密花费时间长、速度慢，只适合对少量数据进行加密。

在非对称加密中使用的主要算法有 RSA、Elgamal、背包算法、Rabin、D-H、ECC（椭圆曲线加密算法）等。

三、RSA 加解密算法

RSA 算法是现今使用最广泛的公钥密码算法，也号称地球上最安全的加密算法。1977 年，三位数学家 Rivest、Shamir 和 Adleman 设计了一种算法，可以实现非对称加密。算法用他们三个人的名字命名，叫作 RSA 算法。直到现在，RSA 算法仍是最广泛使用的非对称加密算法。

（一）RSA 加密

RSA 的加密过程可以使用一个公式来表达，即

$$密文 = 明文^{E} \bmod N$$

也就是说，RSA 加密是对明文的 E 次方后除以 N 后求余数的过程。只要知道 E 和 N 任何人都可以进行 RSA 加密了，所以说 E、N 是 RSA 加密的密钥，也就是说 E 和 N 的组合就是公钥，我们用 $\{E,\ N\}$ 来表示公钥。

不过 E 和 N 并不是随便什么数都可以的，它们都是经过严格的数学计算得出的。

（二）RSA 解密

RSA 的解密同样可以使用一个公式来表达，即

$$明文 = 密文^{D} \bmod N$$

也就是说，对密文进行 D 次方后除以 N 的余数就是明文，这就是 RSA 解密过程。知道 D 和 N 就能进行解密密文了，所以 D 和 N 的组合就是私钥，我们用 $\{D,\ N\}$ 来表示私钥。

由此可以看出 RSA 的加密方式和解密方式是相同的，加密是求“明文的 E 次方 mod N”；解密是求“密文的 D 次方 mod N”。

（三）生成密钥对

既然公钥是 $\{E,\ N\}$，私钥是 $\{D,\ N\}$，所以密钥对即为 $\{E,\ D,\ N\}$，但密钥对是怎样生成的呢？接下来我们求解 N、$\varphi(n)$（N 的欧拉函数值）、E 和 D。

（1）求 N_0 选取两个大质数 p，q。这两个数不能太小，太小则容易被破解，将 p 乘以 q 就是 N。

（2）求 N 的欧拉函数 $\varphi(N)$。$\varphi(N)$ 表示在小于等于 N 的正整数中，与 N 构成互质关系的数的个数。如果 $n=P\times Q$，P 与 Q 均为质数，则

$$\varphi(n)=\varphi(P\times Q)=\varphi(P-1)\varphi(Q-1)=(P-1)(Q-1)$$

（3）求 E。E 必须满足两个条件：① E 是一个比 1 大比 φ（N）小的数；

② E 和 $\varphi(N)$ 的最大公约数为 1。之所以需要 E 和 $\varphi(N)$ 的最大公约数为 1，是为了保证一定存在解密时需要使用的数 D。现在我们已经求出了 E 和 N，也就是说我们已经生成了密钥对中的公钥了。

（4）求 D。数 D 是由数 E 计算出来的。D、E 和 $\varphi(N)$ 之间必须满足以下关系。

$$1<D<\varphi(N)$$

$$E \times D \bmod \varphi(N)=1$$

只要 D 满足上述两个条件，则通过 E 和 N 进行加密的密文就可以用 D 和 N 进行解密。简单地说，第二个条件是为了保证密文解密后的数据就是明文。现在私钥自然也已经生成了，密钥对也就自然生成了。

上述的 E 和 D 的获得可以采用“辗转相除法”。“辗转相除法”又称作“欧几里得算法”，是求两数之最大公因数算法。

例题：

我们用具体的数字来实践下 RSA 的密钥对生成，及其加解密钥对全过程。为方便，我们使用较小数字来模拟。

（1）求 N。我们准备两个很小对质数，

$P=17$

$q=19$

$N=p \times q=323$

（2）求 $\varphi(N)$。$\varphi(N)=(p-1) \times (q-1)=16 \times 18=144$

（3）求 E。求 E 必须要满足 2 个条件：① $1<E<\varphi(N)$；② E 和 $\varphi(N)$ 的最大公约数为 1。

满足条件的 E 有很多，如 5、7、11、13、17、19、23、25、29、31，这其中有一些不是质数，要去掉。这里我们选择 $E=5$。

此时公钥 $=(E, N)=(5, 323)$

（4）求 D。求 D 也必须满足 2 个条件：① $1<D<L$；② $ExDmod\varphi(N)=1$

即 $1<D<144$，$5 \times D \bmod 144=1$

显然当 $D=29$ 时满足上述两个条件。

$1<29<144$

$5 \times 29 \bmod 144=145 \bmod 144=1$

此时私钥 $=(D, N)=(29, 323)$

（5）加密。准备的明文必须是小于 N 的数，因为加密或者解密都要 mod N，其结果必须小于 N。

假设明文 =123，加密时使用的公钥 E=5，N=323。

明文 ^{E}mod N=123^{5}mod 323=225

因此，密文就是 225。

（6）解密。我们对密文 225 进行解密。解密时使用的是私钥 D=29、N=323。

密文 ^{D}mod N=225^{29} mod 323=123

解密后的明文为 123。

四、SM2 加解密算法

（一）概述

SM2 算法和 RSA 算法都是公钥密码算法，而 SM2 算法是一种更先进安全的算法，在我们国家商用密码体系中被用来替换 RSA 算法。

随着密码技术和计算机技术的发展，目前常用的 1024 位 RSA 算法面临严重的安全威胁，我们国家密码管理部门经过研究，决定采用 SM2 椭圆曲线算法替换 RSA 算法。

（二）算法原理

1. 椭圆曲线密码算法

椭圆曲线是一类二元多项式方程，它的解构成一个椭圆曲线。

椭圆曲线上的解不是连续的，而是离散的，解的值满足有限域的限制。有限域有两种：Fp 和 F2m。

Fp：一个素整数的集合，最大值为 P–1，集合中的值都是素数，里面元素满足以下模运算：$a+b=(a+b)\bmod p$ 和 $a\times b=(a\times b)\bmod p$。

椭圆曲线参数：定义一条唯一的椭圆曲线。介绍其中两个参数 G(基点) 和 n(阶)。G 点 (x_G，y_G) 是椭圆曲线上的基点，有限域椭圆曲线上所有其他的点都可以通过 G 点的倍乘运算得到，即 $P=[d]G$，d 也是属于有限域，d 的最大值为素数 n。

SM2：有限域 Fp 上的一条椭圆曲线，其椭圆曲线参数是固定值。

加密的依据：$P=[d]G$，G 是已知的，通过 d 计算 P 点很容易，但是通过 P 点倒推 d 是通过计算难以实现的，因此，以 d 为私钥，P 点 (X_p，Y_p) 为公钥。

2. SM2 加密算法

输入：长度为 klen 的比特串 M，公钥 PB；

输出：SM2 结构密文比特串 C。

算法：

（1）产生随机数 k，k 的值从 1 到 $n-1$；

（2）计算椭圆曲线点 $C_1=[k]G=(x_1, y_1)$，将 C_1 转换成比特串；

（3）验证公钥 PB，计算 $S=[h]PB$，如果 S 是无穷远点，出错退出；

（4）计算 $(x_2, y_2)=[k]PB$；

（5）计算 t=KDF($x_2 \| y_2$, klen)，KDF 是密钥派生函数，如果 t 是全 0 比特串，返回第 1 步；

（6）计算 $C_2=M+t$；

（7）计算 $C_3=Hash(x_2 \| M \| y_2)$；

（8）输出密文 $C=C_1 \| C_3 \| C_2$，C_1 和 C_3 的长度是固定的，C_1 是 64 字节，C_3 是 32 字节，很方便 C 从中提取 C_1、C_3 和 C_2。

注：通过密钥派生函数计算，才能进行第 6 步的按位异或计算。

3. SM2 解密算法

输入：SM2 结构密文比特串 C，私钥 dB；

输出：明文 M'。

算法：

（1）从密文比特串 $C=C_1 \| C_3 \| C_2$ 中取出 C_1，将 C_1 转换成椭圆曲线上的点；

（2）验证 C_1，计算 $S=[h]C_1$，如果 S 是无穷远点，出错退出；

（3）计算 $(x_2, y_2)=[dB]C_1$；

（4）计算 t=KDF($x_2 \| y_2$, klen)，KDF 是密钥派生函数，如果 t 是全 0 比特串，出错退出；

（5）从 $C=C_1 \| C_3 \| C_2$ 中取出 C_2，计算 $M'=C_2+t$；

（6）计算 u=Hash($x_2 \| M' \| y_2$)，比较 u 是否与 C_3 相等，不相等则退出；

（7）输出明文 M'。

第三章 防火墙技术与入侵检测

第一节 防火墙概述

一、防火墙概述

（一）防火墙的概念

如图 3-1 所示，防火墙是当今人们在上网时不可缺少的网络防护设备，它是隔在外界网络和本地网络之间的一道阻止病毒进入的防御系统。防火墙可以将你“同意”的数据放进网络，同时拒绝你“不同意”的数据进入网络，它是一种访问控制尺度，能够尽可能地阻止黑客从外界网络进入你的网络。

之所以要设计防火墙，是因为要阻止那些来自不受保护的网络中的未授权信息进入专用的网络中，并允许特许用户和本地网络访问因特网服务。

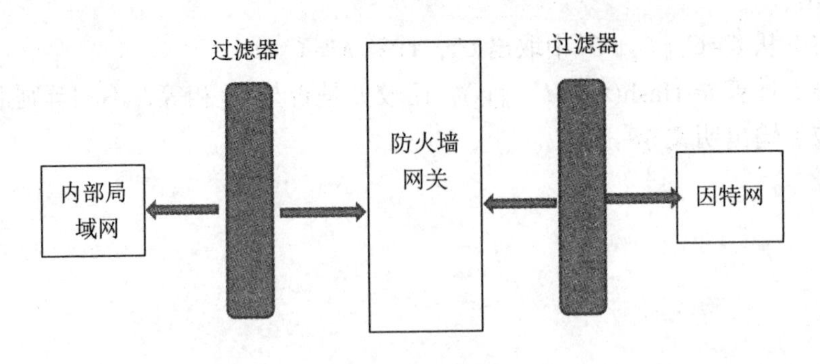

图 3-1 防火墙

防火墙可将安全区域和风险区域有效地隔离开，并且还能满足人们访问风险区域的需求。另外，防火墙也可以对通信量进行监控，准许经过核准的安全信息进入，阻止可能威胁到本地文件的数据进入。安全性问题的缺陷和失误变得越来越普遍，因此，除了采用攻击手段入侵网络之外，不合适的口令和低级的配置错误也是重要因素。

一般的防火墙都可以达到以下目的。

（1）可以限制他人进入内部网络，过滤掉不安全服务和非法用户；

（2）防止入侵者接近你的防御设施；

（3）限定用户访问特殊站点；

（4）为监视因特网安全提供方便。

事实上，防火墙正在成为控制对网络系统进行访问的非常流行的方法。在因特网上的 Web 网站中，超过三分之一的 Web 网站都是由某种形式的防火墙加以保护的，这是对黑客防范较严、安全性较强的一种方式，任何关键性的服务器，都建议放在防火墙之后。

（二）防火墙的功能

1. 防火墙是网络安全的屏障

防火墙能极大地提高一个内部网络的安全性，并通过过滤不安全的服务而降低风险。由于只有经过精心选择的应用协议才能通过防火墙，所以网络环境变得更安全。防火墙同时可以保护网络免受基于路由的攻击，如 IP 选项中的源路由攻击和 ICMP 重定向中的重定向路径。防火墙可以拒绝所有以上类型攻击的报文并通知防火墙管理员。

2. 防火墙可以强化网络安全策略

以防火墙为中心的安全方案配置，能将口令、加密、身份认证、审计等的应用配置在防火墙上。与将网络安全问题分散到各个主机上相比，防火墙的集中安全管理更经济、更坚固。

3. 防火墙对网络存取和访问进行监控审计

如果所有的访问都经过防火墙，那么防火墙就能记录下这些访问并做出日志记录，同时也能提供网络使用情况的统计数据。当发生可疑动作时，防火墙能进行适当的报警，并提供网络是否受到监测和攻击的详细信息。网络使用统计对网络需求分析和威胁分析而言也是非常重要的。

为防止内部信息的外泄，可利用防火墙对内部网络的划分，实现内部网重点网段的隔离，从而限制局部重点或敏感网络安全问题对全局网络造成的影响。另外，隐私是内部网络非常关心的问题，一个内部网络中不引人注意的细节可能包含有关安全的线索而引起外部攻击者的兴趣，甚至因此而暴露内部网络的某些安全漏洞。使用防火墙就可以隐蔽那些内部细节，如 Finger、DNS

等服务。Finger 显示了主机的所有用户的注册名、真名，最后登录时间和使用 shell 类型等。但是 Finger 显示的信息非常容易被攻击者所获悉。攻击者可以知道一个系统使用的频繁程度，这个系统是否有用户正在连线上网，这个系统是否在被攻击时引起用户注意等。防火墙可以同样阻塞有关内部网络中的 DNS 信息，这样一台主机的域名和 IP 地址就不会被外界所了解。

除了安全作用，防火墙还支持具有因特网服务特性的企业内部网络技术体系虚拟专用网 (VPN)。

（三）防火墙的特性

网络防火墙是一种用来加强网络之间访问控制的特殊网络设备。它对两个或多个网络之间传输的数据包和连接方式按照一定的安全策略进行检查，以决定网络之间的通信是否被允许，其中被保护的网络被称为内部网络或私有网络，另一方则被称为外部网络或公用网络。防火墙能有效地控制内部网络与外部网络之间的访问及数据传输，从而达到保护内部网络信息不受外部非授权用户的访问和过滤不良信息的目的。

一个好的防火墙系统应具有以下五方面的特性：①内部网络和外部网络之间传输的数据必须通过防火墙；②只有被授权的合法数据及防火墙系统中安全策略允许的数据可以通过防火墙；③防火墙本身不受各种攻击的影响；④使用目前新的信息安全技术，如现代密码技术；⑤人机界面良好，用户配置使用方便，易管理。

二、防火墙技术原理

（一）包过滤技术

包过滤技术工作在 OSI 网络参考模型的网络层和传输层，它是个人防火墙技术的第二道防护屏障。数据包过滤技术在网络的入口，根据数据包头源地址、目的地址、端口号和协议类型等标志确定是否允许通过。只有满足过滤条件的数据包才能被转发到相应的目的地，其余数据包则从数据流中被丢弃。

所谓的包过滤技术，又被称作报文过滤技术，它是防火墙最传统、最基本的过滤技术。防火墙的产生也是从这一技术开始的。防火墙的包过滤技术就是对通信过程中的数据进行过滤（又称筛选），使符合事先规定的安全规则（或称“安全策略”）的数据包通过，而使那些不符合安全规则的数据包被丢弃。这个安全规则就是防火墙技术的根本，它是规定各种网络应用、通信类型和端口的使用的。

包过滤技术是一种通用、廉价和有效的安全手段。它的优点：对用户来说它是透明的，处理速度快且易于维护，通常被作为一道基本防线，不用改动客户机和主机上的应用程序，因为它工作在网络层和传输层，与应用层无关。之所以通用，是因为它不是针对各个具体的网络服务所采取的特殊处理方式，适用于所有网络服务；之所以廉价，是因为大多数路由器都提供数据包过滤功能，所以这类防火墙多数是由路由器集成的；之所以有效，是因为它能在最大限度上满足绝大多数企业的安全要求。

防火墙对数据的过滤，首先是根据数据包中包头部分所包含的源 IP 地址、目的 IP 地址、协议类型（TCP、UDP、ICMP）、源端口、目的端口及数据包传递方向等信息，判断是否符合安全规则，以此来确定该数据包是否允许通过。先来看一下防火墙方案部署的网络拓扑结构，所有的防火墙方案网络拓扑结构都可简化为如图 3–2 所示。

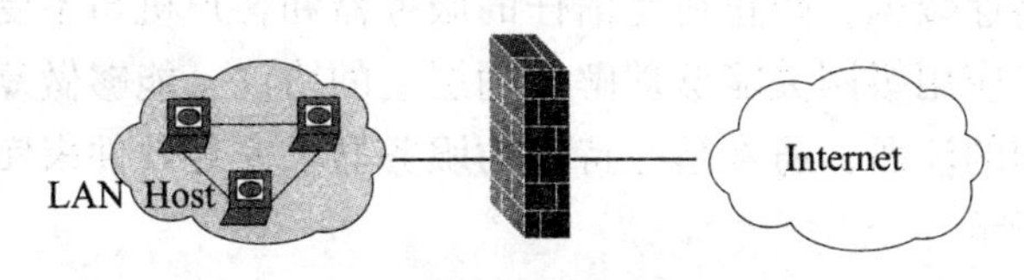

图 3–2　简化的网络拓扑结构

在这个网络结构中防火墙位于内、外部网络的边界，内部网络可能包括各种交换机、路由器等网络设备。而外部网络通常直接通过防火墙与内部网络连接，中间不会有其他网络设备。防火墙是内、外部网络的唯一通道，所以进、出的数据都必须通过防火墙来传输。这就有效保证了外部网络的所有通信请求，当然包括黑客所发出的非法请求都能在防火墙中进行过滤。

包过滤技术最先是在路由器上使用的，它也是最原始的防火墙方案。实现起来非常容易，只需要在原有的路由器上进行适当的配置即可实现防火墙方案。在整个防火墙技术的发展过程中，包过滤技术出现了两种不同版本，称为“第一代静态包过滤”和“第二代动态包过滤”。

1. 第一代静态包过滤类型防火墙

这类防火墙几乎是与路由器同时产生的，它是根据定义好的过滤规则审查每个数据包，以便确定其是否与某一条包过滤规则匹配。过滤规则基于数据包的包头信息进行制定。包头信息中包括源 IP 地址、目的 IP 地址、协议类型（TCP、UDP、ICMP）、目的端口等。

2. 第二代动态包过滤类型防火墙

这类防火墙采用动态设置包过滤规则的方法，避免了静态包过滤所具有的问题。这种技术后来发展成为包状态监测技术。采用这种技术的防火墙对通过其建立的每一个连接都进行跟踪，并且根据需要可动态地在过滤规则中增加或更新条目。

数据包过滤技术的应用非常广泛，因为数据包过滤技术相对较为简单，只需对每个数据包与相应的安全规则进行比较即可得出是否通过的结论，所以防火墙主机 CPU 用来处理数据包过滤的时间非常短，执行效率也非常高。而且这种过滤机制对用户来说是完全透明的，根本不用用户先与防火墙取得任何合法身份，对符合规则的通信，用户根本感觉不到防火墙的存在，使用起来很方便。

（二）应用级网关技术

应用级网关可以工作在 OSI 七层模型的任一层上，能够检查进出的数据包，通过网关复制传递数据，防止在受信任的服务器和客户机与不受信任的主机间直接建立联系。应用级网关能够理解应用层上的协议，能够做复杂一些的访问控制，并做精细的注册，通常是在特殊的服务器上安装软件来实现的。其工作原理如图 3–3 所示。

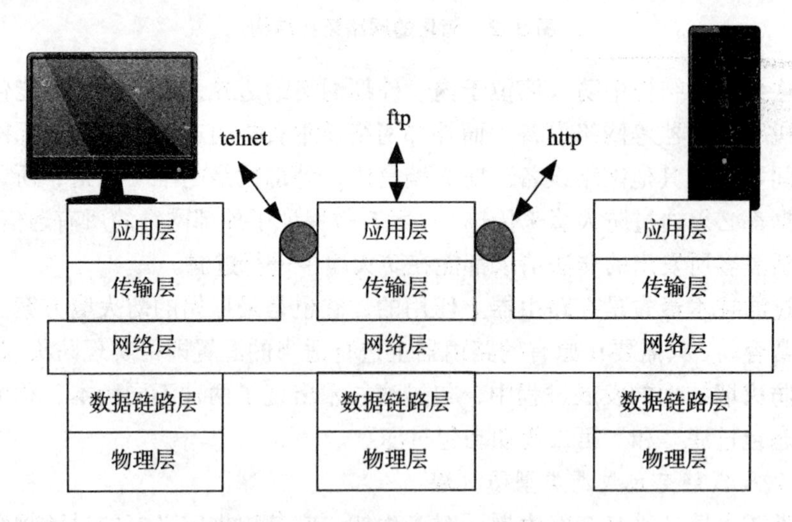

图 3–3　应用网关防火墙工作原理图

电路级网关也是一种代理。电路级网关用来监控受信任的客户或服务器与不受信任的主机间的 TCP 握手信息，以决定该会话是否合法。电路级网关是在 OSI 模型中的会话层上来过滤数据包的，这样比包过滤防火墙要高两层。另外，电路级网关还提供了一个重要的安全功能，即网络地址转移(NAT)，其将所有公司内部的IP地址映射到一个“安全”的IP地址上，这个地址是由防火墙使用的。有两种方法来实现这种类型的网关：一种是出一台主机充当筛选路由器而另一台充当应用级防火墙；另一种是在第一个防火墙主机和第二个之间建立安全的连接。这种结构的好处是当发生攻击时能提供容错功能。

（三）地址翻译技术

地址翻译技术NAT（Network Address Translation）是将一个IP地址用另一个IP地址代替。其工作原理如图3-4所示。

地址翻译技术主要模式有以下几种。

（1）静态翻译。按照固定的翻译表，将主机的内部地址翻译成防火墙的外网接口地址。

（2）动态翻译。为隐藏内部主机或扩展内部网络的地址空间，一个大的用户群共享一个或一组小的因特网IP地址。

（3）负载平衡翻译。一个IP地址和端口被翻译为同等配置的多个服务器。当请求到达时，防火墙按照一个算法平衡所有连接到内部的服务器。这样，向一个合法的IP地址请求，实际上有多台服务器在提供服务。

（4）网络冗余翻译。多个连续被附结在一个NAT防火墙上，防火墙根据负载和可用性对连接进行选择和使用。

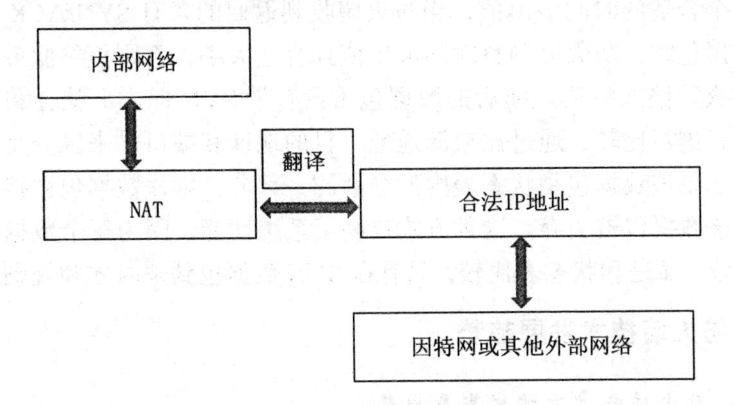

图3-4 地址翻译工作原理图

（四）状态检测技术

状态检测防火墙采用基于连接的状态检测机制，将属于同一连接的所有网络数据包作为一个整体的数据流看待，构成连接状态表，通过规则表与状态表的共同配合，对表中的各个连接因素加以识别。其工作原理如图 3-5 所示。

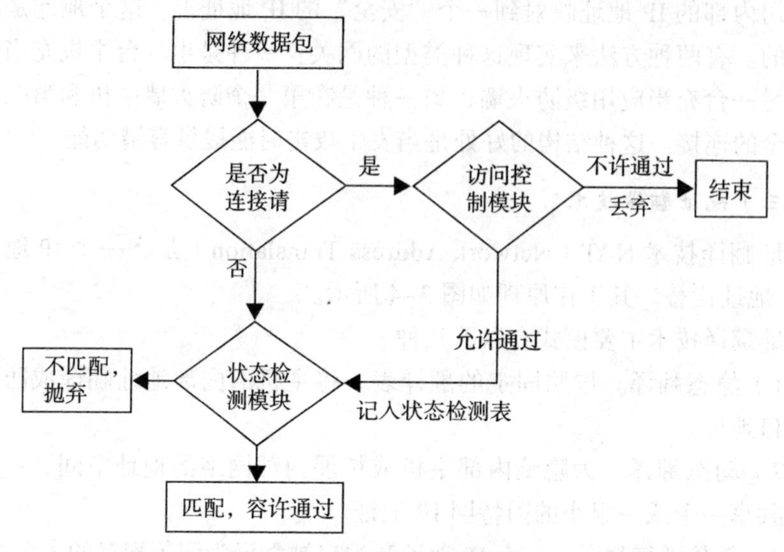

图 3-5 状态检测技术的原理图

当一个状态检测防火墙收到一个初始化 TCP 连接的 SYN 数据包时，该数据包被防火墙规则库检查，如果检查了所有规则后，该包都没有被接受，那么拒绝该次连接。如果该数据包被接受，那么本次会话会被记录到状态监测表里，并设置一个合适的时间溢出值，当防火墙收到返回的含有 SYN/ACK 标志的确认连接数据包时，防火墙调整时间溢出值到合适大小，否则拒绝服务攻击马上就会使防火墙陷入瘫痪。随后的数据包（没有带 SYN 标志）就会和该状态监测表的内容进行比较，通过比较源地址、目的地址和端口号来区分是否为同一个会话。如果该数据包是状态表内的会话的一部分，则该数据包被接受；如果不是，则该数据包被丢弃。这种方式提高了系统性能，因为每个数据包不是和规则库比较，而是和状态表比较，只有在 SYN 数据包到来时才和规则库比较。

三、防火墙技术发展趋势

（一）防火墙包过滤技术发展趋势

随着新的网络攻击的出现，防火墙技术也有一些新的发展趋势。这主要可以从包过滤技术、防火墙体系结构和防火墙系统管理三方面来体现。

第一，一些防火墙厂商把在 AAA 系统上运用的用户认证及服务扩展到防火墙中，使其拥有可以支持基于用户角色的安全策略功能。该功能在无线网络应用中非常必要。具有用户身份验证的防火墙通常是采用应用级网关技术，而包过滤技术的防火墙不具有。用户身份验证功能越强，它的安全级别就越高，但它给网络通信带来的负面影响也就越大，因为用户身份验证需要时间，特别是加密型的用户身份验证。

第二，多级过滤技术。所谓多级过滤技术，是指防火墙采用多级过滤措施，并辅以鉴别手段。在分组过滤（网络层）一级，过滤掉所有的源路由分组和假冒的 IP 源地址；在传输层一级，遵循过滤规则，过滤掉所有禁止出或入的协议以及有害数据包如 nuke 包、圣诞树包；在应用网关(应用层)一级，能利用 FTP、SMTP 等各种网关，控制和监测因特网提供的所用通用服务。这是针对以上各种已有防火墙技术的不足而产生的一种综合型过滤技术，它可以弥补以上各种单独过滤技术的不足。

这种过滤技术在分层上非常清楚，每种过滤技术对应不同的网络层。从这个概念出发，又有很多内容可以扩展，为将来的防火墙技术发展打下基础。

第三，使防火墙具有病毒防护功能。现在防火墙通常被称为“病毒防火墙”，当然目前主要还是在个人防火墙中体现，因为它是纯软件形式，更容易实现。这种防火墙技术可以有效地防止病毒在网络中的传播，比等待攻击的发生更加积极。拥有病毒防护功能的防火墙可以大大减少公司的损失。

（二）防火墙的体系结构发展趋势

随着网络应用的增加，对网络带宽提出了更高的要求。这意味着防火墙要能够以非常高的速率处理数据。另外，在以后几年里，多媒体应用将会越来越普遍，它要求数据穿过防火墙所带来的延迟要足够小。为了满足这种需要，一些防火墙制造商开发了基于 ASIC 的防火墙和基于网络处理器的防火墙。从执行速度的角度看，基于网络处理器的防火墙也是基于软件的解决方案。它需要在很大程度上依赖软件的性能，但是由于这类防火墙中有一些专门用于处理数据层面任务的引擎，因而减轻了 CPU 的负担。该类防火墙的性能要比传统防火墙的性能好许多。

未来防火墙的发展趋势是高速、多功能化、更安全。从国内外历次测试的结果都可以看出，目前防火墙一个很大的局限性是速度不够。应用 ASIC、FPGA 和网络处理器是实现高速防火墙的主要方法，其中以采用网络处理器最优，因为网络处理器采用微码编程，可以根据需要随时升级，甚至可以支持互联网协议第 6 版，而采用其他方法就不那么灵活。

未来防火墙的操作系统会更安全。随着算法和芯片技术的发展，防火墙会更多地参与应用层分析，为应用提供更安全的保障。

第二节 硬件防火墙分析

一、硬件防火墙的性能指标

（一）性能是防火墙的关键

防火墙作为一个网络设备，运行于网络之中，其性能的好坏直接影响到网络的整体性能。评价防火墙的性能指标有很多，包括用来评价网络设备性能的指标，如吞吐量、延迟、丢包率；还有用来评价防火墙的性能指标，如最大连接数、连接建立速率。需要说明的一点是：防火墙的性能指标固然重要，但防火墙的性能指标高，一定是在其高安全性的条件下，也就是防火墙不能因为性能而失去其安全性，因为如果这样，就完全可以不用防火墙了。下面对各个指标对防火墙的影响进行说明。

（二）吞吐量、延迟、丢包率

目前，许多用户在选购防火墙、测试性能时都选择这几个指标，并用Smart bits、Net test等测试仪器进行测量。那么这些指标是否能够真正地反映防火墙的性能呢？这几个指标是IETF的RFC1242、2544定义的，是用来评价网络设备的性能指标，在某种程度上可以用来评价防火墙，但决不能单纯用这几个指标来评价防火墙。防火墙是安全设备，因此，应该在保证防火墙高安全性的情况下用这几个指标来评价防火墙的性能，也就是要在防火墙进行NAT转换、大量规则、应用层过滤、VPN应用的情况下，测试这几个指标，这样才能真实反映防火墙的性能。

（三）最大连接数、连接建立速率

许多用户在对防火墙的性能进行评价时，都会从最大连接数出发看，认为防火墙连接数量越大，性能就越好，价格相等但支持连接数量更多的防火墙的性价比越高。但其实，最大连接数就是防火墙可以保存的最多状态信息。通常情况下，连接数确实是越大越好。但是许多商家为了宣传，会故意设置很大的连接数，以此来进行营销，但这种连接数防火墙在状态检测时如果保证了这个连接数量，那可能就无法再保证高安全性了。防火墙即便达到了这个连接数，也无法进行VPN应用、应用层保护等功能，此时，这个连接数对用户毫无意义。如今的测评机构在对防火墙进行评价时，通常也只是测试防火墙在某些情况下的连接数，但这并不代表防火墙真正的性能。防火墙只有在保证能够进行 VPN 应用、应用层保护等功能的前提下达到的连接数，才是真正的最大连接数测试。

以拥有 500 个用户的企业为例，假如所有成员都同时上网，且打开了 10 个浏览器窗口，每条窗口有 5 条连接，那么在极端情况下一共是 25 000 条连接，但正常情况是连接可能会断开，且不会建立满 5 个连接，打开 10 个浏览器窗口，更不会保持数据传输。所以用户不要被最大连接数所蒙骗，在选购防火墙时要了解是在什么情况下的连接数，以及自己到底需不需要这么多连接数。

防火墙每秒可以建立多少连接就是其连接建立速率。当防火墙的连接建立速率小，并发访问多时，就会出现未成功建立连接的情况，一般在终端用户处体现为无法正常浏览网页、使用应用，必须重新连接才能继续进行。例如，500 个用户同时上网，浏览器要打开 5 条连接，那防火墙就必须有 2 500 条连接建立速率。一般情况下，防火墙连接建立速率为 2 000 条 /s 以上，否则会严重影响用户正常上网。

综上所述，性能指标是防火墙的一个关键指标。防火墙在进行 NAT 转换、大量规则、VPN 应用、应用层保护等高安全性的情况下的吞吐量、延迟、丢包率、背靠背等指标，才是用来评价防火墙性能的指标。最大连接数，一定要分清是否是防火墙在高安全性时的最大连接数量。连接建立速率直接影响到并发访问时的性能，因此该值不能太小，否则会影响用户应用的响应时间。以上关于性能的说明，用户在选购防火墙时一定要注意。

二、几种硬件防火墙

（一）千兆防火墙

1. NetScreen-5200

NetScreen-5200 从性能上说，在吞吐量、延迟、帧丢失率等方面都显示了非凡的实力，遥遥领先于其他类型的千兆防火墙产品。尤其是单向吞吐量，除了在 64 字节帧时达到 99.906% 线速之外，在其余 4 种字节帧长下也都达到了线速，这对于防火墙说，很少能见到如此高的速率。NAT 对防火墙性能有一定的影响，尤其是测试 64 字节帧长的吞吐量时，使用 NAT 之后的吞吐量下降了 37%。

NetScreen-5200 对 VPN 的支持也非常出色，多种加密算法和认证算法的组合可以实现更为灵活的 VPN 通信。该防火墙支持通过定义“隧道接口”与某个 VPN 隧道绑定，这样只要对端口进行控制就能实现通过选定的 VPN 隧道传送数据的功能。

从管理方式来说，NetScreen-5200 支持 Web 管理、Telnet、串口 CLI 管理和 NetScreen Global Pro 管理。其 CLI 管理命令类似 CiscoIOS 的命令，所以对那些熟悉 Cisco 产品的管理员来说会比较容易上手。Web 管理界面设计清晰明了，在进入的首页上可以实时显示系统资源的耗费情况以及简单的日志信息。

在日志审计方面，NetScreen-5200 支持多种处理方式，同时还支持通过 Email、Syslog、SNMP 等方式向管理员发送报警信息。在日志报表和审计报表方面，NetScreen-5200 通过业界知名的 WebTrends 软件能够获得简单易懂的报表。

2. ServGate SG2000H

ServGate SG2000H 总体来讲，是一款非常有特色的千兆防火墙。该防火墙配置了多种冗余设备，能够提供更多可靠性的保证。

SG2000H 的 2 个 20G 硬盘采用了 Raidl 方式，增强了系统的安全性。在防火墙的管理上，SG2000H 提出了虚拟防火墙的概念，把一台千兆防火墙在逻辑上分为多个 VG（整个防火墙可以设为 1 个或 100 个或 500 个 VG）。每个 VG 都可以单独配置为透明或者 NAT 模式。

SG2000H 在防火墙的实现上颇具特色，它采用 2 个网络处理器（NP），每个网络处理器有 6 个微引擎，这种独特的实现在处理多个流的时候优势特别明显（在多流的情况下，64 字节帧的双向吞吐量就能超 70%，128、256、512 和 1518 字节帧的双向吞吐量都在 95% 以上）。

SG2000H 采用专用操作系统（SGOS），最大可以设置 32 000 个策略，通过 SSL 加密的 Web 界面进行管理，同时通过 Console 口进行 CLI 信息管理，防火墙的通信也采用 SSH 进行加密。高可用性对定位在电信级的千兆防火墙来说更加重要，2 台 ServGate2000H 防火墙通过 AUX 口实现高可用性，方式为主 - 从方式。

3. 天融信网络卫士 NGFW4000

作为国内最早进入防火墙领域的厂商之一，天融信网络卫士 NGFW4000 融合了天融信独创的系列安全构架和实现技术，其多网络接口设计最大可扩展 12 个接口模块。

从性能上说，它的单向性能与使用 NAT 后的性能相比变化很小，可见 NAT 对 NGFW4000 性能影响很小。

在 7 种防 DOS 攻击能力测试中，NGFW4000 凭借自己本身的防攻击能力，能够轻松地防住 Land-based、Ping of Death 的攻击。NGFW4000 主要支持通过 TOPSEC 实现 IDS 联动和病毒联动，从而获得更高的安全性。

NGFW4000 GUI 集中管理器为防火墙的集中管理带来了方便，其命令行对那些喜欢使用命令行的管理员来说比较容易。GUI 管理界面提供了清晰的管理结构，但每一个管理结构元素都包含了丰富的控制元和控制模型。

NGFW4000 防火墙抛弃了传统的许可禁止、拒绝等控制行为方式，借鉴了文件系统的安全控制模式，设计了全新的与应用紧密结合的控制行为方式：可读、可写和可执行。NGFW4000 非常有意思的一个特点是防火墙的管理接口具有中央属性，从而使得管理员可以从防火墙的任何接口登录防火墙的管理接口。

通过专门的带宽策略选项，NGFW4000 防火墙允许管理员定义任意 2 个网络对象或对象组之间通信时的最大带宽。

在日志管理方面，用户通过安装日志管理软件和日志服务器来实现。用户可以决定特定的连接需要的日志选项。

（二）百兆防火墙

1. 安氏领信防火墙

安氏领信 LinkTrust CyberWall-100Pro 防火墙是一款外观精致的百兆防火墙，除了 4 个 10/100M 网络接口之外，还带有 2 个扩展接口。安氏领信防火墙在性能测试和功能表现方面成绩相当不俗。

在最为严酷的 64 字节帧长下，安氏领信防火墙的双向吞吐量为 51.96% 线速，在其他字节帧长下也都取得了非常不错的效果。比较有意思的是，该防火墙使用 NAT 后的吞吐量比之前略有提高，延迟也略有增加，这表明 NAT 对该防火墙的性能影响并不太大，60 万的最大并发连接数也属上乘。

在防攻击能力的测试中，安氏领信防火墙都能非常好地进行防护。除了 Ping Sweep 和 Ping Flood 之外，其余 5 种攻击包，该防火墙都能完全过滤掉。除了在 Web 管理界面中可以轻松配置防攻击的选项之外，安氏领信防火墙还内置流探测技术来实现入侵检测功能，同时还有一个网络接口用于与 IDS 互动，以将其通过防火墙的流量镜像到 IDS 设备中分析。

该防火墙在 VPN 方面支持众多的加密算法和认证算法，并能很好地将其结合起来。身份认证也是安氏领信防火墙值得称道的地方，它能够支持本地、RADIUS.SeculID、NT 域、数字证书等 9 种认证方式，安氏领信防火墙支持命令行和 Web 管理 2 种方式。同时，安氏领信防火墙的特色在于支持分布式多层次带宽管理，可以设置 8 个优先级。

安氏领信防火墙在日志审计方面支持 Syslog、SNMPTrap 将日志外传到日志服务器，可在防火墙本地或日志服务器上进行实时分类、统计日志，并能生成统计图表。该防火墙在高可用性方面还支持 VRRP 协议，在设备或链路发生故障时可实现主备防火墙的快速切换。

2. 方正方御 IU 防火墙

方正方御 1U 防火墙的性能上乘。双向吞吐量 64 字节帧长达到 35.279%，512 字节和 1 518 字节帧长都达到了 100%，使用 NAT 功能后的吞吐量与单向性能相同，最大并发连接数达到了 50 万。

方御 1U 防火墙前面板有一个液晶屏，可以显示 CPU 使用情况、内存使用情况、防火墙当前工作状态、工作模式以及防火墙版本等信息。背面板有 4 个百兆网口和 2 个串口 (控制串口和热备串口)。

方御 IU 防火墙可以将入侵信息、管理信息和系统信息传送给 SNMP 服务器，并通过一个实时报警程序 Log Service 为管理员及时提供详细准确的入侵报警信息。方御 IU 防火墙本身集成计费软件，也可以与第三方的计费软件联合使用。集成的入侵检测和漏洞扫描安全模块，可以对防火墙保护的内部网络进行安全评估。在代理服务器功能中可以进行访问控制，对访问时间、协议、方法、地址、DNS 域、目的端口和 URL 地址等条件进行设置。方御 IU 防火墙使用带宽管理与控制策略，可方便快捷地根据网段和主机等对流量进行统计与控制管理。管理员可以设置源地址到目的地址单位时间内允许通过的流量来控制带宽，而且还可以对协议和端口进行设置。遵循国家有关安全标准规定，方御 IU 防火墙做了 4 级授权：实施域管理权、策略管理权、审计管理权、日志查看权。方御 IU 防火墙同时支持 2 种 VPN 用户模式：远程访问虚拟网和企业内部虚拟网。

硬件防火墙在网络中是一个重要的设备，并且价格比较昂贵，因此在选购时一定要根据网络系统的实际需求来选择。

第三节　基于防火墙关键技术的三种防火墙的设计与实现

一、包过滤防火墙的设计实现

包过滤防火墙基于协议特定的标准，路由器在其端口具有区分包和限制包的能力。其技术原理在于加入 IP 过滤功能的路由器逐一审查包头信息，并根据匹配和规则决定包的前行或被舍弃，以达到拒绝发送可疑包的目的。

（一）配置

包过滤防火墙的各项配置如表 3-1 所示。

表 3-1　包过滤防火墙配置表

配置项	内容
WWW 服务器	192.168.1.10
ftp 服务器	192.168.1.20
Email 服务	192.168.1.30
内部网	192.168.1.0/24
Eth0（接内网）	192.168.1.1
Eth1（接因特网）	202.199.37.234

（二）脚本的建立

包过滤防火墙的脚本建立如下：

（1）cat1>/proc/sys/net/ipv4/ip_forward；

（2）touch/etc/rc.d/fliter-firewall；

（3）chmod/etc/rc.d/fliter-firewall；

（4）vi/etc/rc.d/fliterfirwall。

其中，第（一）步操作为打开网卡的数据转发；第（二）步用 touch 建立一个 filter-firewall 文件；第（三）步给刚建立的 filte-firewall 加上可执行权限；第（四）步编辑刚刚建立的文件，在里面加入内容。

（三）包过滤防火墙的实现内容

包过滤防火墙的具体实现内容如下：

（1）#!/bin/bash；

（2）iptables-F；

（3）iptables-tnat-APOSTROUTING-s192.168.1.0/24-0eth0-jSNAT-to202.199.24.234；

（4）iptables-tnat-APREROUTING-d202.199.37.234-ieth0-jDNAT-to192.168.1.2-192.168.1.253；

（5）iptables-PFORWARDDROP；

（6）iptables–A FORWARD–d192.168.1.10–ieth0–p tcp––dport www–jACCEPT;

（7）iptables–A FORWARD–d192.168.1.20–ieth0p tcp––dport ftp–jACCEPT;

（8）iptables–A FORWARD–d192.168.1.30–ieth0–p tcp–dport smtp–jACCEPT;

（9）iptables–A FORWARD–s0/0–P tcp–d192.168.1.0/24––dport ftp–data–i eth0–jACCEPT;

（10）iptables–A FORWARD–d192.168.1.0/24–ptcp!–syn–ieth0–jACCEPT;

（11）iptables–A FORWARD–p udp–i eth0–j ACCEPT;

（12）iptables–A FORWARD–s192.168.1.0/24–i eth0–jACCEPT;

（13）iptables–A FORWARD–f–m limit–limit 100/s–limit–burst 100–j ACCEPT;

（14）iptables–A FORWARD–p icmp–m limit–limit 1/s–limit–burst 10–j ACCEPT。

其中，内容（2）到（4）实现配置客户机上网；内容（5）到（8）实现开放外网对内网 3 台服务器的访问；内容（9）实现外网对内网发起的从 ftp 数据端口的连接；内容（10）开放对内的非连接请求作用的 tcp 包；内容（11）接受所有的 udp 包，为 oicq 等服务；内容（12）先接受来自内网的数据包转发，对内网对外的连接不做限制；内容（13）对内网和外网都做 ip 碎片流量限制，防止 ip 碎片的攻击；内容（14）控制 ping 的流量，防止 ping 的攻击。

二、屏蔽主机防火墙的设计实现

屏蔽主机防火墙采用一个包滤路由器与外部网连接，用一个堡垒主机安装在内部网络上，起着代理服务器的作用，是外部网络所能到达的唯一节点，以此来确保内部网络不受外部未授权用户的攻击，从而达到内部网络安全保密的目的。

（一）网络拓扑

屏蔽主机防火墙的网络拓扑结构如图 3–6 所示。

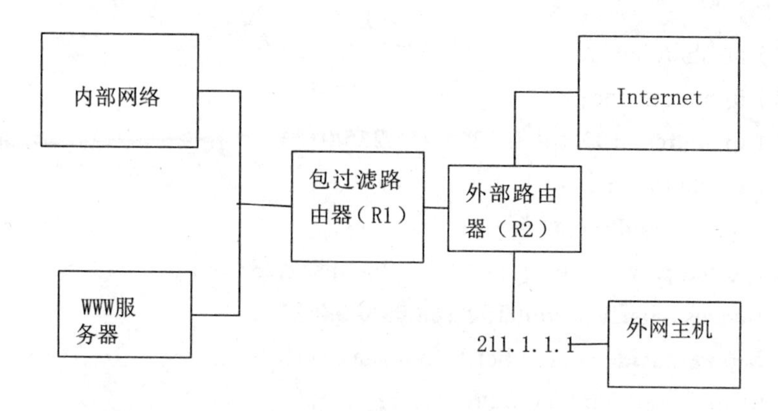

图 3-6　屏蔽主机防火墙拓扑结构

设计的此屏蔽主机防火墙使内部主机可以上网，并且为确保安全，外网主机只可以访问企业的 WWW 服务器，而不可以访问到内部主机。

（二）配置

屏蔽主机防火墙的各项配置如表 3-2 所示。

表 3-2　屏蔽主机防火墙配置表

配置项	内容
WWW 服务器	192.168.0.10
外网主机	211.1.1.2
内部网	192.168.0.0/24
R1-eth0（接内网）	192.168.0.1
R1-eth1（接外部路由器）	61.1.1.2
R2-eth0（接包过滤路由器）	61.1.1.1
R2-eth1（接外网主机）	211.1.1.1

（三）屏蔽主机防火墙的实现内容

屏蔽主机防火墙的具体实现内容如下。

（1）ip address61.1.1.2255.0.0.0;

（2）no shutdown；

（3）ip nat outside；

（4）ip address 192.168.0.1255.255.255.0；

（5）no shutdown；

（6）ip nat inside；

（7）ip nat pool aaa 61.1.1.261.1.1.2netmask 255.0.0.0；

（8）access–list 1 permit 192.168.0.00.0.0.255；

（9）ip nat inside source list 1 pool aaa overload；

（10）ip route0.0.0.00.0.0.061.1.1.1；

（11）ip nat inside source static tcp 192.168.0.108061.1.1.280；

（12）ip address 61.1.1.1255.0.0.0；

（13）no shutdown；

（14）clock rate 64000；

（15）ip address 211.1.1.1255.0.0.0；

（16）no shutdown。

其中，内容（1）到（3）配置包过滤路由器外部接口；内容（4）到（6）配置内网用户指向的网关；内容（7）定义一个公网合法 IP 地址池；内容（8）定义内网的哪个网段可以通过这个合法 IP 上网；内容（9）调用刚才定义的访问控制列表和合法地址池；内容（7）到（9）实现内网用户可以通过内网 IP 访问外网，将私有 IP 转换为公网的 IP 上网，即地址翻译；内容（10）使 R1 路由器能访问到 R2 路由器 eth1 口的网段；内容（11）使内部的一台 WWW 服务器可以发布到网上，做 NAPT 的 80 端口映射；内容（12）到（14）配置 IP 地址和 DCE 端的时钟；内容（15）到（16）到 eth1 口配置 IP 地址。至此，屏蔽主机防火墙设计实现。

三、屏蔽子网防火墙的设计实现

屏蔽子网防火墙是在被屏蔽子网体系结构中再添加额外的安全层到被屏蔽主机体系结构中，也就是通过添加周边网络更进一步地把内部网络与因特网隔离开来。

（一）网络拓扑

屏蔽子网防火墙的网络拓扑结构如图 3–7 所示。

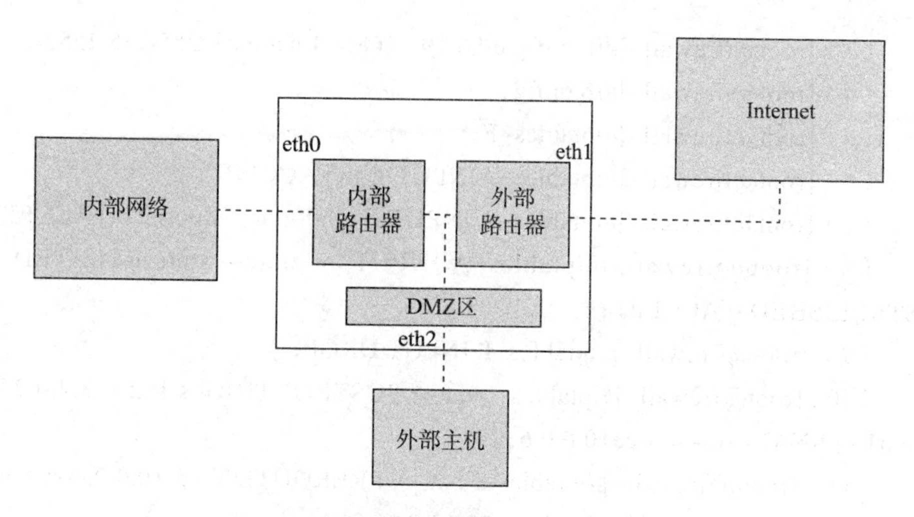

图 3-7　屏蔽子网防火墙拓扑结构

此设计的屏蔽子网防火墙实现内部网络可以访问因特网网络，但为确保安全，外部网络中的主机不能访问内部网络。

（二）配置

屏蔽子网防火墙的各项配置如表 3-3 所示。

表 3-3　屏蔽子网防火墙配置表

配置项	内容
外部网	10.0.0.0/8
DMZ 区	172.16.0.0/16
内部网	192.168.4.0/24
eth0（接内部路由器）	192.168.4.1
eth1（接外部路由器）	10.0.0.6
eth2（DMZ 主机）	172.16.3.5

（三）屏蔽子网防火墙的实现内容

（1）[root@firewall~]#ifconfig eth1 10.0.0.6netmask 255.0.0.0;

（2）[root@firewall~]#ifconfig eth2 172.16.3.5netmask 255.255.0.0;

（3）[root@firewall~]#ifconfig eth0 192.168.4.4 netmask 255.255.255.0；

（4）[root@firewall~]#ifconfig；

（5）[root@firewall~]#iptables–F；

（6）[root@firewall~]#iptables–AINPUT–i lo j ACCEPT；

（7）[root@firewall~]#iptables–A INPUT–i eth0–p tcp–dport 22–j ACCEPT

（8）[root@firewall~]#iptables–A INPUT–m state––state RELATED，ESTABLISHED–j ACCEPT；

（9）{root@firewall~]#iptables–P INPUT DROP；

（10）[root@frewall~]#iptables–t nat–A POSTROUTING–s 192.168.4.0/24–0 eth1 –j SNAT––to–source10.0.0.6；

（11）[root@firewall~]#iptables–t nat–A PREROUTING–d 10.0.0.6–p tcp––dport 80 –j DNAT––to–destination 172.16.3.6；

（12）[root@firewall~]#iptables–A FORWARD–i eth2–0 eth0–m state–state NEW –j DROP；

（13）[root@firewall~]#iptables–A FORWARD–i eth1 –0 eth0 –m state––state NEW –j DROP。

其中，内容（1）到（4）设置各接口 IP 地址；内容（5）清空所有的规则；内容（6）到（10）使内网客户端可以访问外网服务器；内容（11）外部客户机可访问 DMZ 区的服务器，但这时 DMZ 区的主机也能访问内网；内容（12）使 DMZ 区的主机不能访问内网；内容（13）阻止外网随便访问内网。至此，屏蔽子网防火墙设计实现。

四、三种防火墙的对比分析

综上所述，包过滤防火墙将对每一个接收到的数据包做出允许或拒绝的决定。具体地讲，它针对每一个数据包的包头，按照包过滤规则进行判定，与规则相匹配的数据包依据路由信息继续转发，否则就丢弃。

屏蔽主机网关易于实现，安全性好，应用广泛。一个包过滤路由器连接外部网络，同时一个堡垒主机安装在内部网络上。堡垒主机只有一个网卡，与内部网络连接。通常在路由器上设立过滤规则，并使这个单宿堡垒主机成为从因特网唯一可以访问的主机，确保了内部网络不受未被授权的外部用户的攻击。而内联网的客户机，可以受控制地通过屏蔽主机和路由器访问因特网。

屏蔽子网防火墙的方法是在内联网和因特网之间建立一个被隔离的子网，用两个包过滤路由器将这一子网分别与内联网和因特网分开。两个包过滤路由器放在子网的两端，在子网内构成一个“缓冲地带”，两个路由器一个控制内联网数据流，另一个控制因特网数据流，内联网和因特网均可访问屏蔽子网，但禁止它们穿过屏蔽子网通信。可根据需要在屏蔽子网中安装堡垒主机，为内部网络和外部网络的互相访问提供代理服务，但是来自两网络的访问都必须通过两个包过滤路由器的检查。对于向因特网公开的服务器，像 WWW、FTP、Mail 等因特网服务器也可安装在屏蔽子网内，这样无论是外部用户，还是内部用户都可访问。这种结构的防火墙安全性能高，具有很强的抗攻击能力，但需要的设备多，造价高。

三种防火墙的对比分析如表 3–4 所示。

表 3–4　对比分析结果

防火墙类型	包过滤防火墙	屏蔽主机防火墙	屏蔽子网防火墙
适用网络	小型网络	中、大型网络	中、大型网络
难易程度	易	较复杂	较复杂
处理速度	快	相对较慢	相对较慢
可靠性	一般	较高	最高
广泛性	广泛	较广泛	较少

第四节　入侵检测分析

一、入侵检测技术的概念

入侵检测技术可以阻止威胁网络系统的操作并发出警报，它的原理是分析收集到的资料和信息，以此发现网络系统里可能存在风险的行为，检查计算机网络系统是否受到入侵，并阻止可能威胁到计算机网络系统完整以及可用性的操作，并向使用者发出警报。

入侵检测技术一般比较常见的形式为具体分析完整性、发现异常情况以及适当匹配相应的模式。而匹配相应模式是通过试探和检测网络里的所有数据包，检查是否存在被入侵的特征，并在可能遭到入侵的数据包里，提取与入侵特性具有相同长度的字节，然后进行字节之间的比较；当检测结果显示提取的字节和入侵字节相同时，便判定系统遭受入侵，之后在所有的网络片段里重复抽取比对检查的程序，直到检查完所有内容。而异常检测指的是将过去的网络操作数据进行采集，并构建与计算机网络正常活动相关的档案。然后将正常活动档案和当下网络运行状况进行对比，检查是否和正规运作轨道有所脱离，从而确定计算机网络是否遭到入侵。完整性分析指的是检测计算机网络中的文件属性、目录、内容，检查是否出现错误，或者是否有被更改。入侵检测技术可以察觉到计算机网络系统里那些微小的变化，并及时做出反应，发现并阻止入侵行为。

入侵检测有些形式针对主机，有些基于网络。其中，针对主机进行入侵检测就是对系统与端口调用进行安全审计，记录计算机操作系统与应用系统的使用情况，并将其与攻击内部的数据库相互比较，再记录到特定目录当中，供管理员使用。而针对网络则是分组所有的行为，将可疑分组记录到特别日志里。借助分组，入侵检测可以扫描已经掌控的数据库，并从严重级别上对所有分组进行分级，以便于管理者深入检测和调查此类不正常的地方。

二、入侵检测技术的发展历程

在古代，人们在修建木屋时，为了防止火灾的蔓延或发生，会围绕木屋砌上一堵石墙，并称之为“防火墙”。这就是计算机网络当中防火墙的概念来源。防火墙会将外界网络中没有授权的通信进行隔离，以此来防止外界非法访问网络。作为计算机网络中的首道防线，防火墙会配合身份认证、访问控制等技术来组织外界网络的非法入侵。然而，计算机网络的发展速度飞快，传统的安全技术已经无法保证在当今网络环境当中本地网络的安全；并且网络内部与系统自身的漏洞也亟须解决。美国国土安全部曾对此做出过研究，并发现很多时候计算机使用者遭受黑客入侵都源于人为因素。相关统计显示，来自内部网络的攻击事件占据大约 70%，很多都是内部人员作案，这正好绕开了防火墙的管控。因此，为了避免发生这样的事情，人们研究出了入侵检测系统，这便是第二道计算机网络安全防护防线。这道防线最早出现于 20 世纪 80 年代，在经过多年来的发展之后，已经从原始的概念和抽象模型发展成为可以实际运用的系统，成为保护计算机网络安全的重要安全防护技术。入侵检测技术可以帮助计算机系统应对网络攻击，提高系统管理人员的网络安全管理能力，这在一定程度上保证了信息安全基础结构的完整性。在不影响网络性能的情况下，入侵检测系统作为网络的第二道安全防线能够检测网络的非法行为（如黑客攻击、内部人员作案或误操作、网络系统本身的缺陷或漏洞等因素所引起的非法行为）。入侵检测系统通过收集计算机网络或系统中的信息并进行分析，从中判断网络或系统是否被攻击，进而做出及时响应，从而保护网络与系统。入侵检测技术的出现为网络安全防护做出了突出贡献，对其进行深入研究也成为网络安全领域的重要工作之一。

第一，入侵检测最早被定义为对信息非授权的访问、操作，以及导致系统不稳定、不可靠的行为。1987 年，入侵检测的基本模型被提出，入侵检测首次被引入计算机安全防御，推动了入侵检测的进一步研究。1988 年，Haystack 入侵检测系统被开发，从而能够有效帮助系统安全员检测和调查入侵。1989 年，一种入侵检测专家系统 IDES（Intrusion Detection Expert System）模型被提出，该模型采用两种不同的方法来检测异常，即统计和基于规则的异常检测，系统效率高于单一方法的使用。1990 年，基于网络的入侵检测概念被提出。1996 年，基于图形的入侵检测系统被提出，解决了绝大多数入侵检测系统可伸缩性不足的问题。

第二，由于入侵检测系统 IDS（Intrusion Detection System）的工作环境是动态的，所以面对不断更新的工作环境，国内外专家和学者开始研究智能入侵检测技术。辛克莱（C. Sinclair）等采用遗传算法和决策自动生成规则对网络连接进行分类，还将机器学习方法应用于网络入侵检测。凌军等实现了基于规则的、层次化的智能入侵检测原型系统，该系统不仅能快速检测网络入侵，而且具有一定的学习适应能力。后又有学者提出了自动调优入侵检测系统，该系统在遇到虚报时，能够根据系统操作员提供的反馈及时地自动调整检测模型。实验结果表明：如果只有 10% 的虚报调整了模型，系统性能提高约 30%；当调节延迟较短时，系统性能提高约 20%；但实际上只有 1.3% 的虚报用于调整模型。因此，系统操作员可以专注于信度不高的验证预测，因为只有这些预测确定为虚假时才可用于调整检测模型。有学者比较了三种不同的入侵检测方法，其中包括平等匹配、BPL 和 Elman 递归网络，结果发现，递归 Elman 网络具有更好的检测率和低虚警率，取得了零虚警概率下 77% 的检测概率。蒋亚平等提出了基于疫苗算子的入侵检测模型，该模型解决了协同性差、检测率不高等问题。

D–S 融合算法可以弥补系统中基本检测器各自的不足，检测结果更稳定。然而，融合的结果仍取决于基本检测器的性能，如果存在太多的低性能检测器，也很难得到满意的结果。因此，基本检测器的性能至关重要，如何提升检测器的性能是进一步研究的重点。有学者提出了使用流数据挖掘技术来提高 IDS 效率的机制，并使用 4 种分类器来提高 IDS 性能。实验结果表明，NaiveBayes 分类器更精确，但是需要更多的时间；Hoeffdingree 分类器精确度接近 NaiveBayes 分类器，所用时间也较少。所以，网络数据集应该选择最优分类器以提高 IDS 的性能，这就涉及自适应选择问题。

第三，入侵防御传统的 IDS 虽然能够发现攻击并报警，起到预警的作用，但由于不具备防御能力，因而不能有效地抵御黑客攻击，于是诞生了入侵防御系统 IPS(Intrusion Prevention System)。近几年来，IPS 发展迅速，有了大量的研究成果。针对 SMTP 攻击和垃圾邮件，有学者提出了一个基于硬件的带有病毒检测引擎的 SMTP 入侵防御系统，该系统可以阻止 SMTP 攻击和病毒入侵，但防御攻击种类单一，且不能处理病毒。有学者使用数据挖掘方法开发了一个基于网络的入侵预防系统 (NIPS)，该系统改进了基于误用和异常检测方法的 NIPS。有学者结合计算机免疫学，提出了基于免疫的 IPS 框架，该框架包括免疫监测、免疫识别、免疫应答部分，新的入侵由当前的网络监测封装，并作为疫苗通过移动代理发送给其他网络以防止相同的入侵，但无法防止变异的攻击。后又有人提出了智能规划识别引擎的无线 IPS 框架，同时改进了计划识别模型。该引擎不但可以检测和防御主要的无线攻击，而且可以减少误报，但不能检测未知的无线攻击。有学者提出了一种在云计算中基于服务的入侵防御系统 (SIPSCC)，从漏洞检测、平均时间和误报进行研究和评估，SIPSCC 服务对 Snort 和 OSSEC 对抗来自 CCW 的 SQL 注入攻击来说是一个有效的机制。有学者提出和建立了一种基于混合交互蜜罐的主动防御入侵检测系统，该系统可以减少虚假信息，增强主动防御网络的稳定性和安全性，增加蜜罐诱骗能力，加强攻击预测能力。有学者通过结合 Snort 入侵检测系统和防火墙实现了一个小型智能 IPS，降低了漏检率，所需要的规则少，操作方便，但串联连接的方式可能导致潜在问题。目前 IPS 的发展进度与智能 IDS 基本并驾齐驱，利用一些新的技术将其发展得更高效、更实用，是 IPS 未来发展的方向。

三、入侵检测在计算机安全系统中的地位及重要性

目前，安全领域虽然使用了防火墙、用户认证和授权 (I&A)、访问控制、加密产品、虚拟专用网（VPN）、防病毒软件等安全技术来提高信息系统的安全，但还存在不足。传统的安全措施主要有以下几种。

（1）识别与认证：它是网络安全最常用的、最基本的安全措施之一。其实现方式主要有通过用户名识别使用者是否是系统的合法用户；通过口令字

（Password）或智能卡（Smart Card）等方式来验证使用者是否是其所宣称的那个用户；通过CA认证（Kerberos、X.509）的方法确定用户的身份。借助识别与认证（I & A），可以在很大程度上限制非法用户对系统的访问，起到保护系统的作用。但是它也面临着口令破解和网络嗅探的威胁，而且现有的认证系统大都存在着已被证实的漏洞。

（2）访问控制：访问控制针对不同的用户或组织，对其访问网络或系统资源设置不同的访问级别，从而限制其可使用信息的多少。访问控制在识别与验证的基础上，进一步增强了系统的安全性，但是也存在着一些缺陷：由于为每一个目录和文件设置访问权限是一项非常复杂的任务，无论是产品厂商还是系统管理员都有可能错误地配置访问规则，同时很多应用程序中存在的错误也都可以被用来获得更高的权限。

（3）防火墙：防火墙为可信网络和不可信网络两者之间提供了安全便捷，使用包过滤或者代理服务器的方式阻止外部网络对于内部网络的访问，以此来保护内部网络。然而它也存在一定的不足，那就是必须允许Http包等特定数据通过，以达成内外部网络信息交换。所以每一个允许流量发出的攻击都可能会用来入侵网络；并且防火墙有极为复杂的配置，如果配置出现问题，一样会存在漏洞，无法抵御入侵；内部人员如果存心进行破坏，防火墙也是无能为力的。

国内用户基本都了解防火墙可以有效保护网络安全不受侵害，然而很多人并不了解入侵检测系统有什么作用。事实上，在网络安全里，防火墙其实就像是大门的警卫员，会根据提前设定好的规则匹配进出的数据，放行符合规则的数据，起到访问控制的作用，是网络安全的第一道防线。而高级的防火墙甚至可以动态分析高层应用协议，以更好地保护进出数据应用层。然而防火墙作用始终带有局限性。首先，防火墙只能分析进出网络的数据，而无法处理在网络内部出现的事件。其次，随着网络应用范围的不断扩大，人们的网络安全意识越来越强，可面临的网络攻击也在逐渐变强，它们遍布在网络中的每一个角落，只靠防火墙已经不能满足需要，因此入侵检测便成了第二道防线；最后，防火墙在网关位置，无法过多判断攻击，否则会导致网络性能受到严重影响，但入侵检测就可以借助旁路监听方式对网络数据进行收集，完全不会影响网络的性能和网络的正常运行，且能察觉出攻击意图，并及时给予管理员警报。它既可以发现外部攻击，也可以察觉内部攻击。所以入侵检测是防火墙的补充。将其比作真实世界的话，防火墙技术就像是房子的保卫系统，或许是最先进的那种，但是也需要配合监视系统来发挥作用。网络安全的防护系统在设计时只能针对已知安全威胁和特定范围的未知安全威胁。防护技术只能尽量地延缓或者阻止攻击，但无法从源头上遏制攻击事件的出现。并且在实现安全系统时，往往会留下一些漏洞，因此必须引入检测手段来弥补其缺陷。

尽管如此，我们所能看到的网络安全威胁仅仅是冰山一角，技术进步加上道德感的缺失，攻击者们开始看清自己想要的东西，以至于更多的网络犯罪将直接以经济利益为目的。由于当今网络攻击越来越强的目的性，入侵检测技术成了收集犯罪证据的有力工具，对今后网络犯罪的治理也有着重要意义。

四、入侵检测系统的分类

入侵检测系统可以从不同的角度进行分类，主要有以下几种。

（一）按数据源分类

入侵检测系统按检测数据源可以分为基于主机的 IDS、基于网络的 IDS 以及基于混合数据源的 IDS。

1. 基于主机的 IDS

基于主机的 IDS 安装在被保护的主机或服务器上，用于保护单台主机不受入侵攻击行为的侵害，它通过监视和分析被保护主机的审计记录、系统调用、操作系统日志、CPU 使用、应用程序日志等来完成检测攻击的任务。

基于主机的 IDS 适用于交换网环境，不需要额外的硬件，能监视特定的一些目标，能够检测出不通过网络的本地攻击，检测准确度较高，但缺点是依赖主机的操作系统及其审计子系统，可移植性和实时性较差，不能检测针对网络的攻击，检测效果受限于数据源的准确性以及安全事件的定义方法，不适合检测基于网络协议的攻击。

基于主机的入侵检测系统有 ISS RealSecure OS Sensor、Emerald expert-BSM、金诺网安 KIDS 等。

2. 基于网络的 IDS

基于网络的 IDS 通常放置于被保护的网络上，通过监听网络中的数据包来获得必要的数据，通过分析网络数据来发现攻击行为。

基于网络的 IDS 不依赖被保护的主机操作系统，能检测到基于主机的 IDS 发现不了的入侵攻击行为，并且由于网络监听器对入侵者是透明的，从而使得监听器被攻击的可能性大大减少，可以提供实时的网络行为检测，同时保护多台网络主机，具有良好的隐蔽性。但另一方面，由于无法实现对加密信道和某些基于加密信道的应用层协议数据的解密，因此网络监听器对其不能进行监视，检测性能受硬件条件限制，加上对主机审计系统的信息不能进行跟踪，从而导致对某些入侵攻击的检测率较低。

基于网络的IDS和基于主机的IDS有各自擅长的检测范围，在实际应用中，可将它们的优势结合起来，产生更高性能的分布式检测系统。

基于网络的入侵检测系统有ISS Real Secure Network Sensor、Cisco Secure IDS、CA e-Trust IDS、Axent的NetProwler，以及国内北方计算中心NIS Detector、中科网威“大眼”等。

3. 基于混合数据源的IDS

基于混合数据源的IDS以多种数据源为检测目标，以提高IDS的性能。混合数据源的入侵检测系统可配置成分布式模式，通常在需要监视的服务器和网络路径上安装监视模块，并分别向管理服务器报告及上传证据，提供跨平台的入侵监视解决方案。

混合数据源的入侵检测系统具有比较全面的检测能力，是一种综合了基于网络和基于主机两种结构特点的混合型入侵检测系统，既可以发现网络中的攻击信息，也可以从系统日志中发现异常情况。

（二）按响应方式分类

按响应方式的不同，入侵检测系统可分为实时检测和非实时检测两种。

1. 实时检测

实时检测也被称为在线检测，它通过实时监测并分析网络流量、主机上的审计记录以及各种日志信息来发现攻击。在高速网络中，检测率难以令人满意，但随着计算机硬件速度的提高，对入侵攻击进行实时检测和响应成为可能。

2. 非实时检测

非实时检测也被称为离线检测，它通常是对一段时间内的被检测数据进行分析来发现入侵攻击，并做出相应的处理。非实时的离线批处理方式虽然不能及时发现入侵攻击，但它可以运用复杂的分析方法发现某些实时方式不能发现的入侵攻击，可一次分析大量事件，系统的成本更低。

在高速网络环境下，因为分析的网络流量非常大，直接用实时检测方式对数据进行详细的分析是不现实的，往往采用在线检测方式和离线检测方式相结合，用实时方式对数据进行初步的分析，对那些能够确认的入侵攻击进行报警，对可疑的行为再用离线的方式做进一步的检测分析，同时分析的结果还可以用来对IDS进行更新和补充。

（三）按检测结果分类

按输出检测的结果，入侵检测系统可分为二分类入侵检测和多分类入侵检测两种。

1. 二分类入侵检测

二分类入侵检测只能提供是否发生入侵攻击的结论性判断，不能提供更多可读的、有意义的信息；只输出有入侵发生，而不报告具体的入侵类型。

2. 多分类入侵检测

多分类入侵检测能够分辨出当前系统所遭受的入侵攻击的具体类型，如果认为是非正常的行为时，输出的不仅是有入侵发生，还会报告具体的入侵类型，以便于安全员快速采取合适的应对措施。

（四）按数据分析技术分类

按数据分析和处理方式来分，现有的入侵检测技术可分为异常检测、误用检测以及混合检测。

1. 异常检测

异常检测以发现网络或系统中的异常行为为目的，其基本思想是建立一个系统正常的行为轮廓，并不断维护和更新轮廓。检测时将用户的当前行为与这个正常行为轮廓进行对比，对差异程度超过了阈值的行为则发出入侵警报。

由于异常检测不依赖入侵攻击的特征来识别异常行为，它可以检测出以前未出现过的攻击，通用性较强。但由于异常行为不一定都属于入侵行为，在非理想的状况下，就有可能出现检测到的异常行为并不是入侵，此时的报警就是误报。因此，其缺点是虚警率较高，且无法检测经恶意训练后伪装成正常行为的入侵攻击。

2. 误用检测

误用检测的前提条件是假定所有入侵行为都能表示成一种模式，其基本思想是根据已知的入侵行为建立入侵模式库，利用模式库对被检测的数据进行特征匹配或规则匹配来识别入侵。

由于已知的入侵攻击的特征均保存在特征库中，而误用检测依赖这个特征库，因此，误用检测不但对已知的入侵攻击检测具有很高的准确率，而且也为系统安全员对入侵攻击做出快速响应提供了方便。误用检测的不足是检测不出未知的入侵攻击，对具体系统的依赖性太强，需要及时地对入侵模式库进行更新，以保证系统检测能力的完备性。

3. 混合检测

混合检测是结合异常检测模型和正常检测模型分析的结果做出更为准确的决策，它综合了误用检测和异常检测的优点。

一方面，误用检测可以有效地检测到已知攻击且误警率低，但是对新的攻击行为识别率低，且漏警率较高；另一方面，异常检测虽然可以识别出未知攻击，但是误警率较高。这两种技术各有所长。混合检测方法则结合了误用检测和异常检测的长处，在做出决策之前，同时分析待检测系统的正常模型和异常模型，因此判断更为准确和全面。

（五）按系统其他特征分类

作为一个完整的系统，其系统特征同样值得认真研究。一般来说，可以将以下一些重要特征作为分类的考虑因素。

1. 系统的设计目标

不同的入侵检测系统有不同的设计目标。有的只提供记账功能，其他功能则由系统操作人员完成；有的提供响应功能，根据所做出的判断自动采取相应的措施。

2. 收集事件信息的方式

根据入侵检测系统收集事件信息的方式，可分为基于事件的和基于轮询的两类。

基于事件的方式也被称为被动映射，检测器持续地监控事件流，事件的发生激活信息的收集；基于轮询的方式也被称为主动映射，检测器主动查看各监控对象，以收集所需信息，并判断一些条件是否成立。

3. 检测时间（同步技术）

系统检测时间分为延时与实时，具体根据系统监控到的事件和分析处理事件之间所隔的时间来定。一些系统通过实时或接近实时的方式对信息源的信息进行持续监控；而一些系统在收集信息后，还需要额外等一段时间才会开始处理。

4. 入侵检测响应方式

入侵检测响应有不同的方式，主要分为被动响应和主动响应。其中，被动响应型的系统会通知管理员出现了不正常的情况，它只能发出警告，而无法对破坏做出反应，也不会主动反击攻击者。

而主动响应系统又可以细分成对攻击系统实施控制和对被攻击系统实施控制两种。其中比较难的是对攻击系统实施控制，所以一般采用的是另一种主动响应系统，借助调整系统的状态，降低被攻击系统受到的影响，如增加安全日志、断开网络连接或者直接把可疑进程关闭等。

5. 数据处理地点

审计数据既可以分布处理也可以集中处理，不同的分类方法可以从各种角度对入侵检测系统进行了解，深入认识入侵检测系统的各种功能。然而在实际情况下，入侵检测系统一般会将多个技术综合应用，具备各种各样的功能，所以有时候很难对入侵检测系统进行归类，它们往往是各种类型的混合体。

五、入侵检测技术的现状及局限性

对入侵检测的研究至今已有几十年的历史，虽然有了很大的发展，但也还存在很多不完善的地方，很多问题仍有待解决。最初研究入侵检测的目的是通过对事件日志的自动行为分析实时地检测误用。而现在的入侵检测是分析事件记录及网络分组以提供检测、响应、毁坏情况评估及起诉支持的一种技术，已经从研究项目变成了商用产品。当前应用的技术有以下几种。

（1）基于传感器的网络入侵检测。传感器是网络分接器，通常由具有混杂模式以太网卡的专用机器承担。这些组件的数量相对较少（一个企业中少于20个），它们查看整个网段上的TCP/IP通信量中的误用模式。

（2）网络节点入侵检测。网络节点也是传感器，它在TCP/IP数据中搜寻误用模式。但它们驻留在关键任务目标机上，而且只处理流向它们所驻留的目标机的分组。这种网络入侵检测有助于克服由高速、加密或交换链路带来的限制。

（3）实时的基于主机的入侵检测。这是一种驻留在主机上的代理，处理来自操作系统及应用程序的事件日志数据以查找误用模式。这些驻留在主机上的代理是实时运行的。

（4）集中化的离线检测。该组件提供被集中化的、离线处理的数据。

（5）数据辨析及相关性。该组件可以用于入侵检测的所有数据间相互关联之处，包括带内及带外源。该组件实现起来特别复杂，因为必须理解众多不同的数据格式。

在技术上，不同类型的入侵检测技术可能会面临不同的问题。网络入侵检测主要面临的问题如下。

（1）高速网络环境下的检测问题。由于网络带宽的增长已经超过了计算能力的提高，而且网络入侵检测系统在工作时要对网络数据包进行重组，从而耗费更多的计算能力。虽然目前许多产品声称可以在100MHz以上网络环境中正常工作，但这还需要实际环境的有效性测试。

（2）交换式网络环境下的检测问题。一般的网络入侵检测技术无法在交换网中监控，通常需要添加一些额外的硬件才能完成检测任务，这将带来性能和通用性的实际问题。

（3）加密的问题。大多数网络入侵检测技术都是通过对数据包中特定的字符串进行分析匹配来发现入侵的，但对于加密数据，无论是在IP层、会话层还是应用层都会极大地影响网络入侵检测系统的正常工作。

由于主机入侵检测系统是安装在被监测的主机上的，因此它面临的主要问题是对系统性能的影响、部署和维护的问题以及安全问题。

除此之外，现有的入侵检测还存在着一些通用性的问题，具体如下。

（1）虚假警报问题。

（2）可扩展性问题。

（3）管理问题。

（4）支持法律诉讼。

（5）互操作性问题。

虽然入侵检测系统的作用十分重要，但远远未完成国内的普及运用。而之所以会这样，一是因为用户对其认知程度还不够高；二是因为入侵检测技术是一个新生技术，发展不成熟，存在技术上的难题，很多厂商甚至没有足够的实力来研发入侵检测产品。现如今，大部分入侵检测产品仍存在以下问题。

（1）误报与漏报的矛盾。入侵检测系统会分析网络上的每一个数据，但是倘若攻击者尝试性地攻击了系统，系统的相应服务虽然开放了，但已经修补了漏洞，那此时管理员就面临着一个问题，即是否要警报此次的攻击。因为这展现出了外界对本地网络的攻击意图，管理员会被大量的警报分散精力，导致其在面对真正攻击时无法及时做出反应。而与此相对应的就是漏报，网络攻击方式不断更新，入侵检测系统在判断网络攻击时也面临着重重困难，能否报出所有攻击便成了一个问题。

（2）隐私与安全的矛盾。入侵检测系统会收集所有的网络数据，并进行详细的记录和分析，以此来保卫网络安全。但是这样一来，很容易会影响到用户的隐私安全，因此，就要看入侵检测产品是否可以提供性价比足够高的功能来让管理员做出取舍。

（3）主动发现和被动分析的矛盾。入侵检测系统通过被动监听的方式来检测网络问题，但无法主动搜寻网络中的故障和安全隐患，这也是入侵检测产品亟须解决的一大问题。

（4）海量信息与分析代价的矛盾。随着网络数据流量的不断增长，入侵检测产品能否处理高效网络中的数据也是衡量入侵检测产品的重要依据。

（5）功能性和可管理性的矛盾。随着入侵检测产品功能的增加，可否在功能增加的同时，不增大管理的难度。例如，入侵检测系统的所有信息都储存在数据库中，此数据库能否自动维护和备份而不需管理员的干预；另外，入侵检测系统自身安全性如何，是否易于部署，采用何种报警方式也都是需要考虑的因素。

（6）安全性和易用性亟待提高。入侵检测是个安全产品，自身安全极为重要。因此，目前的入侵检测产品大多采用硬件结构，黑洞式接入，免除自身安全问题。同时，对易用性的要求也日益增强，如全中文的图形界面、自动的数据库维护、多样的报表输出。这些都是优秀入侵产品的特性和以后继续发展细化的趋势。

（7）对大数据量网络的处理方法亟待改进。随着对大数据量处理的要求，入侵检测的性能要求也逐步提高，出现了千兆入侵检测等产品。但如果入侵检测产品不仅具备攻击分析，同时也具备内容恢复和网络审计功能，那么其存储系统也很难完全工作在千兆环境下。这种情况下，网络数据分流也是一个很好的解决办法，性价比也较好。这也是国际上较通用的一种做法。

（8）防火墙联动功能急需加强。入侵检测发现攻击，自动发送给防火墙，防火墙加载动态规则拦截入侵，称为防火墙联动功能。目前此功能还没有发展到完全实用的阶段，主要是一种概念，随便使用会导致出现很多问题。目前主要的应用对象是自动传播的攻击，如 Nimda，联动只在这种场合有一定的作用。无限制的使用联动，如未经充分测试，就会对防火墙的稳定性和网络应用造成负面影响。但是随着入侵检测产品检测准确度的提高，联动功能日益趋向实用化。

最后，简要描述一下未来入侵检测的发展前景，具体包括以下几方面。

（1）入侵检测系统将不断提高自己的系统性能，包括大幅度降低虚警率，提高检测变异攻击行为和协同攻击的能力，与网络管理系统更好地集成，更好地支持法律诉讼，以及提供更容易操作的用户界面等。

（2）入侵检测将更加重视分布式环境下的架构设计问题，重视解决分布式环境下所遇到的特定问题，如自主代理的管理、不同数据源的关联分析、安全响应问题。

（3）入侵检测系统将从更多类型的数据源中获取所需的信息，来帮助提供检测能力以及提供冗余保护机制。

（4）入侵检测的标准化工作将会取得长足进步，确立统一的交互操作标准。

（5）入侵检测技术将更多地与其他各种技术无缝集成在一起，并不断演化发展，最终形成新的技术类型。

第四章　安全隔离与信息交换技术

第一节　网络安全隔离与信息交换技术概述

一、网络安全体系架构的演变

想要深入了解网络安全隔离技术，首先要对网络安全体系的架构做出更深入的了解。如今在网络安全市场中，主流产品为防火墙、VPN 与入侵检测。防火墙是网络安全体系的核心，而联动则是网络安全体系未来发展的方向。

在如今的网络安全市场里，将防火墙作为核心的安全体系是最流行的一种安全架构。人们在防火墙的发展过程中逐渐意识到其在安全方面有一些局限性，无法解决高安全性、高性能和易用性这些方面之间的矛盾，那些核心防火墙的安全防御体系对如今频发的网络攻击很难进行有效阻止。由于防火墙体系架构存在安全性的缺陷，所以人们迫切寻求更加强有力的技术手段来保障网络安全，这便是物理隔离网闸技术诞生的原因。

在安全市场上，物理隔离网闸技术就像一匹黑马。随着漫长的市场演变，市场终于认可了隔离网闸的高安全性。物理隔离网闸可以直接中断网络连接，而且会剥离协议，检查协议，将其还原为初始数据，检查和扫描数据，甚至要求数据的属性，它不依赖操作系统，也不支持 TCP/IP 协议。也就是说，它对 OSI 七层实现全面检查，并从异构介质上将所有数据进行补充。所以物理隔离网闸技术实现了隔离网络，并在组织网络入侵的前提下，让用户可以安全地进行数据交换。

但物理隔离网闸技术并非代替防火墙、防病毒系统、入侵检测等安全防护系统的存在的，它是用户进行“深度防御”的基石。和防火墙相比，物理隔离网闸技术有着截然不同的指导思想：防火墙会在确保相互联通的情况下尽可能安全；而物理隔离网闸技术则是在保证绝对安全的情况下尽可能相互联通。

物理隔离网闸技术要解决的问题如下。

1. 操作系统的漏洞

操作系统是一个平台，要支持各种各样的应用，它有下列特点：①功能越多，漏洞越多；②应用越新，漏洞越多；③用的人越多，找出漏洞的可能性越大；④使用越广泛，漏洞曝光的概率越大；⑤黑客攻击防火墙，一般都是先攻击操作系统，控制了操作系统就控制了防火墙。

2. TCP/IP 协议的漏洞

TCP/IP 协议是冷战时期的产物，目标是保证通达。通过来回确认以保证数据的完整性，不确认则要求重传。TCP/IP 协议没有内在的控制机制来支持源地址的鉴别，来证实 IP 从哪儿来，这就是 TCP/IP 协议漏洞的根本原因。黑客利用 TCP/IP 协议的这个漏洞，可以使用侦听的方式来截获数据，能对数据进行检查，推测 TCP 的系列号，修改传输路由，修改鉴别过程，插入黑客的数据流。莫里斯病毒就是利用这一点，给互联网造成了巨大的危害。

3. 防火墙的漏洞

防火墙要保证服务，就必须开放相应的端口。例如，防火墙要准许 HTTP 服务，就必须开放 80 端口；要提供 MAIL 服务，就必须开放 25 端口。因此，防火墙不能防止对开放的端口进行攻击；当利用 DOS 或 DDoS 对开放的端口进行攻击时，防火墙无法防止利用开放服务流入的数据来攻击，无法防止利用开放服务的数据隐蔽隧道进行攻击，无法防止攻击开放服务的软件缺陷。

防火墙不能防止对自己的攻击，只能强制对抗。防火墙本身是一种被动防卫机制，不是主动安全机制。防火墙不能干涉还没有到达防火墙的包，如果这个包是攻击防火墙的，只有已经发生了攻击，防火墙才可以对抗，而根本不能防止。

目前还没有一种技术可以解决所有的安全问题，但是防御的深度愈深，网络愈安全。物理隔离网闸技术是目前唯一能解决上述问题的技术手段。

二、网络安全隔离与信息交换技术的发展

要安全有效地屏蔽内部网络各种漏洞，保护内部网络不受攻击，最有效的办法是实现内、外网络间的安全隔离，从而提升内部网络的整体安全性。国家颁布的《计算机信息系统国际联网保密管理规定》第二章第六条规定，涉及国家秘密的计算机信息系统，不得直接或间接地与国际互联网或其他公共信息网络相连接，必须实行物理隔离。因此，网络安全隔离与信息交换技术的发展适应了信息安全的需要，同时也是信息安全技术不断进化的产物。

网络安全隔离技术的发展经历了数个阶段，衍生出多种产品，其实现方法基本可分为两种：基于空间的隔离方法和基于时间的隔离方法。

基于空间的隔离方法一般采用分别连接内、外部网络的两套设备，通过中间存储设备在内、外网络间完成信息交换。基于时间的隔离方法则认为，用户在不同时刻使用不同网络，通过在一台计算机上定义两种状态，分别对应内部网络（安全）状态和公共网络（公共）状态，以保证用户在一定时刻只能处于其中一种状态。时间、空间的隔离方法在具体实现中通常都会有一定的交叉。将两种隔离方法有机融合的新技术思路最终促成网络安全隔离与信息交换技术的出现。

而从产品发展过程看，技术演变从起源的人工数据交换发展到隔离网卡、隔离 HUB，进而进入当前网络安全隔离与信息交换技术阶段。

（一）网络安全隔离与信息交换技术起源——“人工数据交换”

网络安全隔离与信息交换技术源自两个网络彻底断开的情况下，解决数据交换的问题所使用的“人工数据交换”，如图 4–1 所示。

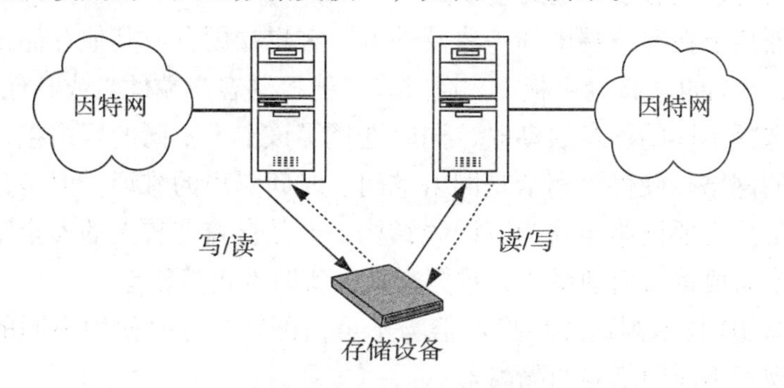

图 4–1　网络人工数据交换示意图

网络人工数据交换由人工操作，包括两个网络：不可信网络和可信网络。两个网络之间物理隔断，若在两个网络间传递数据，则需人工复制后再放置到另一个网络上。在大多数人工数据交换网络方案中，也有一个独立的计算机，或者一个与两个网络分离的 DMZ 区域（De-Militarized Zone），以用于对数据进行安全检查。

明显可以看出网络人工数据交换技术的安全级别非常高，任何人都无法从不可信网络对可信网络的计算机进行访问和操纵。每一个传递到可信网络中的数据都会放到安全环境里进行审查，这是保证信息从不可信网络传递到可信网络最为安全的方法。

然而，网络人工数据交换也存在许多自身的限制，具体包括以下两方面。

（1）数据在两个网络之间手动传输速度太慢，对大多数在线应用来说是无法忍受的。

（2）人工数据交换网络只限于传输文件，而在许多情况中所必须形成应用程序密钥和通信协议的命令则不能通过，从而使某一网络上的用户不可能有效地使用另一网络上的计算机资源进行交互操作。所以人工数据交换不支持很多网络运作，应用范围受到限制。

人工数据交换的方法采用空间隔离，从而使得网络处于信息孤岛状态，虽然实现完全的物理隔离，但需要至少两套网络和系统，且并没有解决病毒、机密泄漏等网络威胁。更重要的是，信息交流的不便和成本的提高，都给维护和使用带来了极大的不便。

（二）网络安全隔离与信息交换技术发展——网络硬件隔离

以硬件隔离卡、隔离 HUB 为代表的网络硬件隔离技术较网络人工数据交换技术在实时性上有了一定的进步。

硬件隔离卡在客户端增加一块硬件卡，客户端硬盘或其他存储设备首先连接到该卡，然后再转接到主板上，通过该卡能控制客户端硬盘或其他存储设备。而在开机选择不同的硬盘启动时，同时选择了该卡上不同的网络接口，从而连接到不同的网络。硬件隔离卡是网络空间、时间隔离的雏形。但是，这种隔离产品有的仍然需要网络布线为双网线结构，产品存在着较大的安全隐患。另外网络的切换需要重新启动系统，数据交换的实时性仍然较差。

隔离 HUB 技术则通过切换可信与不可信网络，分时使用不同的网络，从时间上实现了不同网络间的隔离。

这类技术的缺点在于仍然无法解决数据交互的实时性。另外，由于存在公用空间或设备，为入侵可信网络留下了安全隐患，病毒、泄密等威胁没有消除，网络中的数据交换无法得到监控。

（三）新型网络安全隔离与信息交换技术

随着硬件的发展以及软件技术的进步，在借鉴防火墙等常规网络防护技术的优势并结合病毒防护、访问控制、日志审计等多种网络安全技术后，网络安全隔离与信息交换技术发展到了一个全新的阶段，出现了在网络拓扑中替代防火墙位置，而在安全性、实用性上融合多种网络安全技术优点的新型技术框架，并已进入产品实用阶段。其具体结构如图 4–2 所示。

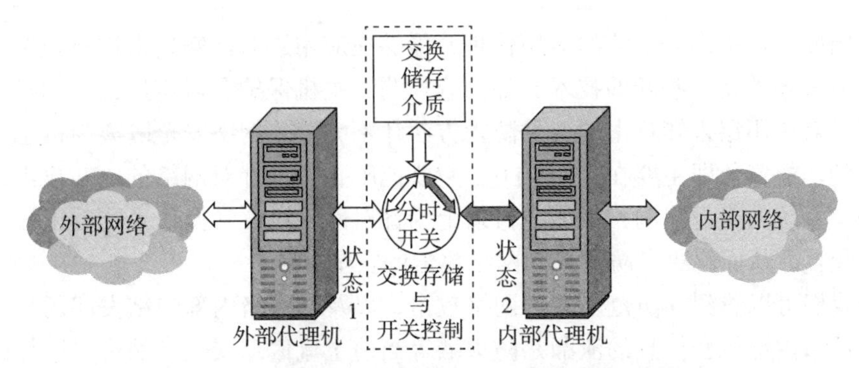

图 4-2　新型网络安全隔离与信息交换技术框架模型

从图 4-2 可以看出，在空间上，内、外网络只能分时与交换存储介质相连通，通过交换存储介质“摆渡”数据，从而在空间上切断了内、外网络间的直接连接；在时间上，某一时刻用户只能处于内网或外网状态下，既实现安全状态的隔离又快速交换数据。这样，既通过空间隔离技术切断网络间的直接连接，又借助时间隔离技术实现状态隔离与数据交换。采用这种模型，结合完整的协议检查，既切断网络直接连接，屏蔽各种 TCP/IP 协议攻击，保证内部网络安全；同时，又通过中间交换存储介质实现“数据摆渡”，进行安全、快速的网络信息交换。在与病毒防护、访问控制、内容过滤、日志审计等技术相结合后，内部（可信）网络的安全级别得以大幅提高，减少了各种网络威胁和机密泄漏的可能。

图 4-3 对当前的信息安全技术进行了分类及描述。

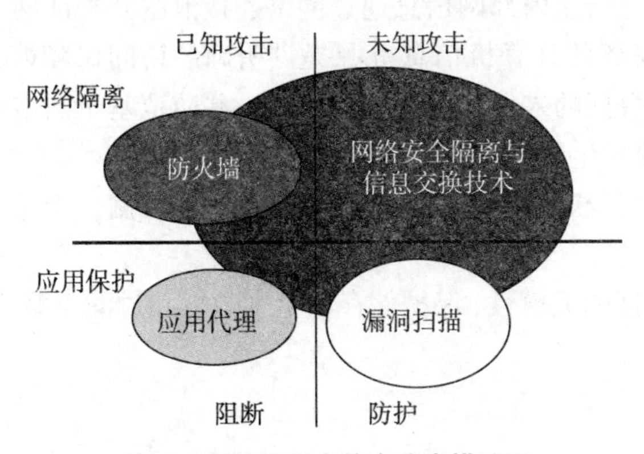

图 4-3　网络安全技术分类描述图

在图 4-3 中，各种网络安全技术分为防范已知攻击和未知攻击的方法。图 4-3 的左上部分，是防火墙产品主要防范的网络安全问题，它能够对已知的攻击提供适当的保护，这也就意味着防火墙必须进行控制策略调整来鉴别威胁并进行阻断。左下部分描绘的应用代理，能够在应用层对已知攻击进行阻塞。右下部分表述的是一些新的技术，如内容检测、主机保护和对应用程序扫描。但目前针对应用层未知攻击的各种防护方法还不完善。网络安全隔离与信息交换技术的功能定位即主要在这一层上，它既能阻止各种针对网络的已知攻击，屏蔽操作系统的自身漏洞，又能在机理上为针对网络协议和操作系统的未知攻击提供免疫，从而解决了防范未知网络攻击的安全难题。

我们可以看到，防范未知的网络攻击，以及与网络内部勾结发起的攻击，预防网络内部机密信息的泄漏是防火墙等当前主流信息安全产品难以胜任的。原有的信息安全防护技术主要针对已知的攻击类型或填补已知的协议漏洞，网络安全的定义局限于一定范围、一定时间内。信息安全迫切需要一种在初始设计上就考虑 TCP/IP 协议安全缺陷，以及各种可能的攻击手段，并以一定理论依据为指导的新型网络防护技术。威胁与需求共同催生了网络安全隔离与信息交换技术。网络安全隔离与信息交换技术针对已知、未知的网络攻击及协议漏洞，为操作系统缺陷提供防护，把内部网络安全级别提高到较高的层次上。

三、网络隔离系统的安全目的

根据网络隔离与安全交换系统自身的特点和其面临的安全威胁，从可用性、完整性和可核查性等安全原则出发，可以将其安全目的细化为以下几点。

（1）在信息物理传导上使内外网络隔断，确保外部网不能通过网络连接侵入内部网，同时阻止内部网信息通过网络连接泄露到外部网。

（2）对被隔离的计算机信息资源提供明确的访问保障能力和访问拒绝能力，防止未授权数据的入侵和敏感信息泄漏，并防范基于网络协议的攻击。

（3）对系统发生的安全行为进行日志审计。

（4）对每个授权管理员进行身份鉴别与权限控制，拒绝越权的配置管理请求。

（5）确保数据的完整性，保护储存的鉴别数据和过滤策略不受未授权查阅、修改和破坏。

第二节　安全隔离与信息交换技术原理

一、安全隔离与信息交换的轮渡模型

人们经常会在日常生活中遇到“隔离”的情况。如果一些障碍阻碍了人们

的正常交流或出行，人们就会借助工具来跨越障碍。比如，一条河流阻碍了人们前行的道路，人们在建造跨越河流的桥梁前，如果想过河，就需要乘坐专门的渡船。当人们的道路被河流截断时，人们就需要离开陆地上的交通工具，然后坐船过河，过了河之后再回到陆地交通工具上继续赶路。而在网络与信息技术上，渡船其实就是安全隔离和信息交换。把网络链路传输的各种数据比作要赶路的人，那陆路和水路便是不同的网络链路物理介质，而如果说通过通信协议交换数据就是乘车，那乘船便是非通信协议数据交换，剥离网络协议就是下车乘船，重组网络协议就是下船乘车。

安全隔离应该是满足 OSI 模型七个层次上的断开。从这个“轮渡”模型可以看出，陆路和水路两种不同的物理介质实现了物理层的断开，即不能基于一个物理层的连接来完成一个 OSI 模型中的数据链路的建立。在隔离装置中采用非通信协议进行数据交换，也就是在隔离装置的物理层消除了通信协议的存在，实现了数据链路层的断开。网络协议的剥离与重组体现了 TCP/IP 连接和应用连接的断开，也就是 OSI 模型第三层至第七层的隔离实现。

安全隔离与信息交换设备通常应用在两个不同安全域的网络环境里，往往是高安全域的网络用户发起访问请求，从低安全域的网络资源里取回数据。因此，在这个模型中，我们可以针对目前流行的网络攻击行为来分析采用安全隔离与信息交换设备后可以降低哪些风险，如表 4-1 所示。

表 4-1　“轮渡”模型降低的网络风险

OSI 模型的层次	TCP/IP 模型的层次	流行网络攻击行为	“轮渡”模型的对策
应用层	应用层	针对应用协议的漏洞攻击、病毒、木马等	断开技术消除了交互式的应用会话和跨平台的应用，协议剥离消除了所有利用应用协议漏洞构造的攻击
表示层		Unicode 攻击、计算溢出攻击等	
会话层		攻击 Cookies 或 Token、用户假冒等	

续 表

<table>
<tr><th>OSI 模型的层次</th><th>TCP/IP 模型的层次</th><th>流行网络攻击行为</th><th>“轮渡”模型的对策</th></tr>
<tr><td>传输层</td><td>传输层</td><td>SYN Flooding，ACK Flooding 攻击和 UDP 流量攻击等</td><td>对与低安全域相连的计算机可能有影响，断开技术消除了基于 TCP 和 UDP 的攻击</td></tr>
<tr><td>网络层</td><td>IP 层</td><td>IP 碎片攻击、源泉路由攻击、IP 欺骗、IP 伪造、拒绝服务攻击等</td><td>对与低安全域相连的计算机可能有影响，断开技术消除了所有基于 IP 协议的攻击</td></tr>
<tr><td>数据链路层</td><td rowspan="2">链路层</td><td>入侵、拒绝服务攻击和信息窃听等</td><td rowspan="2">对与低安全域相连的计算机可能有影响，断开技术可以不响应此类攻击</td></tr>
<tr><td>物理层</td><td>伪造 MAC 地址攻击物理层的逻辑表示，达到拒绝服务的目的</td></tr>
</table>

从表 4–1 可以看出，采用安全隔离与信息交换设备后，最坏的情况是与低安全域相连的计算机受到网络攻击的影响，而高安全域的网络用户和资源可以有效避开遭受攻击的风险。

二、物理隔离

物理隔离是解决网络不安全性的一种技术，物理隔离从广义上讲分为网络隔离和数据隔离，只有达到这两种要求才是真正意义的隔离。而其他隔离形式主要是从网络安全等级考虑来划分合理的网络安全边界，使不同安全级别的网络或信息媒介不能相互访问。

（一）网络隔离

针对网络隔离，简单地说就是把被保护的网络从开放、无边界、自由的环境中独立出来，从而达到网络隔离，这样，公众网上的黑客和计算机病毒就无从入手，更谈不上入侵了。而怎么实现隔离呢？最直观、简单、可靠的方法就是通过网络与计算机设备的空间上的分离开(没有电气联结)来实现。在一个办公室、同一个大楼建若干个物理网络是网络建设中必不可少的。

另外，在目前的市场上还有一些网络隔离是利用网络的 VLAN(虚拟局域网)技术来实现的。现今的 VLAN 技术是在处于第二层的交换设备上实现了不同端口之间的逻辑隔离，在划分了 VLAN 的交换机上，处于不同 VLAN 的端口之间将无法直接通过两层交换设备进行通信。从安全性的角度讲，VLAN 首先分割了广播域，不同的用户从逻辑上看是连接在不互相连接的、不同的两层设备上，VLAN 间的通信只能通过三层路由设备进行。实施 VLAN 技术，可以实现不同用户之间在两层交换设备上的隔离。外部攻击者无法通过类似用户认证及访问控制技术在同一广播域内才可能实施的攻击方式对其他用户进行攻击。

（二）数据隔离

无论采取的网络隔离是逻辑隔离还是物理隔离，当计算机可以连接多个网络时，网络隔离就失去了意义。因为当一台计算机连接到两个以上的网络时，如果没有隔离其存储设备，让一个操作系统连接了多个网络，计算机病毒就可以自由地在网络间传播，攻击另一个网络，影响正常的工作，甚至造成严重的损失。这种现象经常发生在政府部门和公司这些地方，有时候即便有网络隔离，但网络安全依然受到严重威胁。因此，进行数据隔离十分必要。

三、隔离网闸的安全模型

隔离网闸让两个网络真正实现了物理隔离。隔离网闸会直接将网络之间的连接中断，想要进行数据交换，就必须借助“反射”的方式向内部网络摆渡。隔离网闸的工作模型可以用下面的例子形象地描绘出来。

假如，某个加油站处在一个危险的环境当中，它需要在为顾客加完油之后收取现金，但是也要注意避免被抢劫。而 GAP 装置就是一个金属做成的抽屉，是连接危险的外部环境和收款员的唯一途径，由收款员负责操作。

顾客会在抽屉里放要交付的现金，而收款员在柜台里会借助玻璃窗对抽屉的内容进行检查，在确定内容无误后，收款员才会打开抽屉，做进一步的具体检查。而在收款员检查时，顾客无法访问抽屉以及拿取其中的东西。在确认无误后，收款员会把找零与发票用抽屉返回给顾客。此处的金属抽屉其实便是物理 GAP，它被可信的一端控制，保护可信的一端，在不确定是否可信的环境里选择性地展开交易行为，如图 4-4 所示。

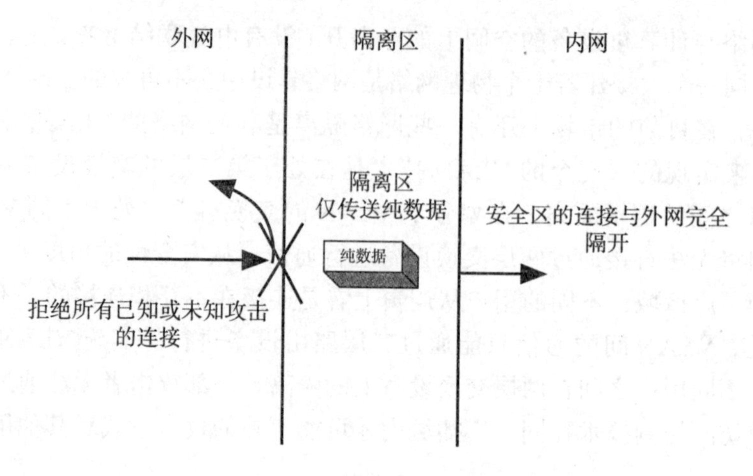

图 4-4　隔离网闸的安全模型

第三节　安全隔离与信息交换技术的实现

一、基于 OSI 七层模型的隔离实现

（一）物理层和数据链路层的断开

目前国际上有关网络隔离的断开技术有两大类：一类是动态断开技术，如基于 SCSI 的开关技术和基于内存总线的开关技术；另一类是固定断开技术，如单向传输技术。

1. 动态断开技术

动态断开技术主要是通过开关技术实现的。一般由两个开关和一个固态存储介质组成。开关是被独立控制逻辑来单独控制的，该控制电路可以保证两个开关不会在相同时间内闭合，以此来实现 OSI 模型物理层断开。开关本身不能保证 OSI 模型的物理层断开，但是通过两个开关的组合逻辑完全可以实现两台主机之间的物理层断开，即不能基于一个物理层的连接来完成一个 OSI 模型中的数据链路的建立。数据链路层断开的关键在于消除通信协议，因为数据链路的通信协议使用“呼叫应答”机制来建立会话和保证传输的可靠性，如果消除了通信协议也就杜绝了利用这种机制产生拒绝服务攻击的可能。在动态断开技术中采用读和写两个命令实现数据交换，即只能将数据写入固态存储介质或者从固态存储介质中读取数据，从而实现了数据链路层的断开。

2. 固定断开技术

固定断开技术采用的是单向传输，单向传输就像单向传输给电视机的电视台电视信号，无须开关，而接受单向传输者无法控制也无法攻击发起者。将这个原理应用于网络技术，就可以避免单向传输的接受者网络攻击发起者。单向传输技术要实现数据链路层与物理层的断开比较简单，通过硬件单向，像以太介质，只需要将双方的接收、发送线路剪断即可实现物理层断开。采用类似动态断开技术里的写命令，就可以消除数据链路里的通信协议，从而实现数据链路层的断开。单向传输从本质上改变了通信的概念，不再是双方交互通信，而是变成了单向传播。采用两套独立的单向传输系统，也可以实现数据的有效交换。

（二）网络层和传输层的断开

OSI 模型的网络层和传输层的断开就是 TCP/IP 连接的断开。一般将一个 TCP/IP 连接断开成两个独立的 TCP/IP 连接，可以使用 NAT 或者 TCP 代理等技术，但这种断开技术共享了同一台主机的资源，一旦外部连接被入侵者控制，内部连接的信息也就暴露给了入侵者。因此，在实现 TCP/IP 连接断开时，必须将拆分后的两个 TCP/IP 连接由内端机和外端机分别处理，这两个 TCP/IP 连接的对应关系可以通过定义一种特殊格式的表单进行映射，这种表单由协议分解模块生成。严格按照 RFC 标准的规定将 TCP/IP 中的必要参数记录下来，通过数据交换子系统发送到另一端后，由协议重构模块按照 RFC 标准进行重构和封装。

网络层的断开，就是剥离所有的 IP 协议。因为剥离了 IP，就不会基于 IP 包来暴露内部的网络结构，也就没有了真假 IP 地址之说，没有了 IP 碎片，消除了所有基于 IP 协议的攻击。

传输层的断开，就是剥离 TCP 或 UDP 协议。由此，消除了基于 TCP 或 UDP 的攻击。

（三）会话层、表示层和应用层的断开

OSI 模型的第五层至第七层的断开就是应用连接的断开。与 TCP/IP 连接断开方式类似，由内端机和外端机分别处理拆分后的两个应用连接，它们之间的对应关系同样由协议分解模块生成的表单进行映射。表单同时还包括应用协议类型、数据以及命令参数等信息，通过数据交换子系统发送到另一端后，由协议重构模块根据表单内容还原应用会话。

安全隔离与信息交换设备的安全机制是网络隔离，其本身没有网络功能，

默认是不支持任何应用的，因此，如果要支持某种应用，就必须单独增加这种应用的安全交换模块，从应用层讲就是定制应用代理。这是一种“白名单”机制，只有白名单上有的应用，设备才支持基于这种应用的数据交换。

一般来讲，安全隔离与信息交换设备支持的应用不是越多越好，也不一定要求支持某种应用的全部功能。因此，在实现具体的应用代理机制时通常会选择典型的应用，如支持 HTTP 协议、FTP 协议、SMTP 和 POP 协议，有时考虑到实际应用需求还会把某些命令屏蔽掉，如 FTP 协议里的 PUT 命令。

物理隔离网闸采用的物理隔离就是指七层全部断开。每层的断开，尽管降低了其他层被攻击的概率，但并没有从理论上排除其他层的攻击。物理隔离网闸是在对 OSI 模型的各层进行全面断开的基础上，实现文件或数据的交换。

二、“摆渡”技术的实现

物理层的断开使用了一种电子开关加固态存储介质的装置，同时，这个装置也是摆渡数据的工具。这个由独立控制逻辑控制的固态存储介质配以专用的数据交换协议，不仅实现了物理层和数据链路层的断开，同时也实现了内、外网之间的数据交换。

目前主流的断开加摆渡的技术有基于 SCSI 协议、基于总线技术和基于单向传输技术三种。SCSI 是一个外设读写协议，也是一个主从的单向协议，数据交换的正确性不像通信协议那样通过维持会话交换确认信息来判断，而是通过自身一套外设读写机制来保证读写数据的正确性和可靠性。利用 SCSI 本身的控制逻辑或者两个独立的 CPLD 控制电路，可以方便地实现数据交换子系统与内、外端机之间只与一端连通。

基于总线的隔离技术源于并行计算，采用双端口的静态存储器（Dual Port SRAM）配合基于独立的 CPLD 控制电路，以实现在两个端口上的开关。双端口各自通过开关连接到独立的计算机主机上，并且两个开关不能同时闭合，从而实现物理层和数据链路层的断开。由于内存存储介质本身在计算机中的用途非常广泛，几乎所有的信息如文件、应用数据和包数据等都可以写在内存里，因此，在安全设计上需要认真考虑实现方法，因为这种技术非常容易实现包的存储和转发。

单向传输技术可以确保数据的单方向传输，两个独立的单向传输系统即可进行数据交换。由于单向传输本身的不可靠性，因此，在实现时需要通过其他机制来提供可靠保障，如 ARID 技术。

第四节　网络安全中的物理隔离技术

一、基于不同层面的隔离防护技术

在信息及网络安全技术领域，存在基于不同层面的隔离防护技术。

（一）基于代码、内容等隔离的防病毒和内容过滤技术

随着网络的迅猛发展和普及，浏览器、电子邮件、局域网已成为病毒、恶意代码等最主要的传播方式。通过防病毒和内容过滤软件可以将主机或网络隔离成相对“干净”的安全区域。

（二）基于网络层隔离的防火墙技术

防火墙被称为网络安全防线中的第一道闸门，是目前企业网络与外部实现隔离的最重要的手段。防火墙包括包过滤、状态检测、应用代理等防控手段。目前主流的状态检测不但可以实现基于网络层的IP包头和TCP包头的策略控制，还可以跟踪TCP会话状态，给用户提供安全和效能的完美结合。而漏洞扫描、入侵检测等技术并不直接“隔离”，而是通过旁路监测监听、审计、管理等功能使安全防护作用最大化。

（三）基于物理链路层的隔离技术

物理隔离思路是从逆向思维发展而来的，也就是将可能出现的攻击途径进行切断，如物理链路，之后再让用户应用得到满足。物理隔离技术随着时代发展历经了多个阶段，包括双机双网借助人工磁盘进行拷贝，以此来实现网络之间的隔离；单机双网借助物理隔离卡切换机制达成终端隔离目标；隔离服务器进行网络文件的交换拷贝；等等。各种物理隔离方式并不需要多高的信息交换时效性，而是通常运用于小规模网络里的少量文件交换情况。切断物理通路就直接避免了网络入侵，但是磁盘拷贝依旧可能会成为病毒攻击内网的途径。而且，由于没有信息交换机制，沟通受阻，因而形成了信息孤岛，只能使用文件方式来交换数据，缺乏实时性，难以更好地应用。除此之外，由于隔离卡会导致安全点比较分散，因此，管理时往往十分困难。

二、物理隔离技术

传统物理隔离闸技术虽确保了网络的安全性，但因缺乏信息交换机制的局

限性，往往会形成流通不畅的“孤岛”，而限制了应用的发展。近期，国内外快速发展起来的GAP技术，以物理隔离为基础，在确保安全性的同时，解决了网络之间信息交换的困难，从而突破了因安全性造成的应用瓶颈。

GAP源于英文的“Air Gap”，GAP技术是一种通过专用硬件使两个或者两个以上的网络在不连通的情况下，实现安全数据传输和资源共享的技术。GAP中文名字叫作安全隔离网闸，它采用独特的硬件设计，能够显著地提高内部用户网络的安全强度。

物理隔离网闸应用在下面的5种场合环境中。

（1）涉密网与非涉密网之间。

（2）局域网与互联网之间（内网与外网之间）：有些局域网络，特别是政府办公网络，涉及政府敏感信息，有时需要与互联网在物理上断开，用物理隔离网闸是一个常用的办法。

（3）办公网与业务网之间：由于办公网络与业务网络的信息敏感程度不同，例如，银行的办公网络和银行业务网络就是很典型的信息敏感程度不同的两类网络。为了提高工作效率，办公网络有时需要与业务网络交换信息。为解决业务网络的安全，比较好的办法就是在办公网与业务网之间使用物理隔离网闸，实现两类网络的物理隔离。

（4）电子政务的内网与专网之间：在电子政务系统建设中要求政府内网与外网之间用逻辑隔离，在政府专网与内网之间用物理隔离。现常用的方法是用物理隔离网闸来实现。

（5）业务网与互联网之间：电子商务网络一边连接着业务网络服务器，另一边通过互联网连接着广大民众。为了保障业务网络服务器的安全，在业务网络与互联网之间应实现物理隔离。

根据用户不同的需求，物理隔离技术分为桌面级和企业级。硬盘隔离卡、物理隔离集线器等能满足一般的对物理隔离的需求，能最大限度地保障用户工作站安全地访问涉密网络，又可以访问非涉密网络，属于桌面级的应用；单向和双向物理隔离网闸既能够保障涉密网络和非涉密网络之间数据交换的安全，又可以很方便地实现单向/双向的数据交换，克服了桌面级应用中的“孤岛”问题，属于企业级的应用。

（一）桌面级物理隔离产品

1. 硬盘隔离卡

物理安全隔离卡其实是一种比较低级的物理隔离实现方式，一张只能在

Windows 环境下工作的物理安全隔离卡，只能保障一台计算机的安全，且必须通过开关机来进行切换。物理安全隔离卡就是通过物理方式把 PC 直接虚拟成两个电脑，让工作站呈现出双重状态，既是公共状态，又是安全状态，状态之间完全隔离，其中仪态工作站就可以在安全的情况下与内网、外网连接。物理安全隔离卡设置在 PC 最低物理层上，借助卡的 IDE 总线与主板连接，另一边与硬盘连接，所有内、外网的连接都会通过网络安全隔离卡。PC 机硬盘被物理分隔成两个区域，在 IDE 总线物理层上，在固件中控制磁盘通道，在任何时候，数据只能通往一个分区。

主机在安全状态中只能通过硬盘安全区连接内部网，并断开和外部网的连接，封闭硬盘的公共区通道。主机在公共状态中只可以使用硬盘公共区连接外部网，无法连接内部网，硬盘安全区也是封闭状态。

2. 物理隔离集线器

网络安全隔离集线器是一种多路开关切换设备，它与网络安全隔离卡配合使用。它具有标准的 RJ–45 接口，入口与网络安全隔离卡相连，出口分别与内外网络的集线器（HUB）相连。它检测网络安全隔离卡发出的特殊信号，识别出所连接的计算机，并自动将其网络线切换至相应的网络 HUB 上，实现多台独立的安全计算机与内外两个网络的安全连接及自动切换，进一步提高了系统的安全性，并且解决了多网布线问题，可以让连接两个网络的安全计算机只通过一条网络线即可与多网切换连接，对现存网络改进有较大帮助。

（二）企业级物理隔离技术

物理隔离网闸是使用带有多种控制功能的固态开关读写介质连接两个独立主机系统的信息安全设备。由于物理隔离网闸所连接的两个独立主机系统之间，不存在通信的物理连接、逻辑连接、信息传输命令、信息传输协议，不存在依据协议的信息包转发，只有数据文件的无协议“摆渡”，且对固态存储介质只有“读”和“写”两个命令，所以，物理隔离网闸从物理上隔离、阻断了具有潜在攻击可能的一切连接，使“黑客”无法入侵、无法攻击、无法破坏，实现了真正的安全。物理隔离网闸中断了两个网络之间的直接连接，所有的数据交换必须通过物理隔离网闸，网闸从网络层的第七层将数据还原为原始数据（文件），然后以“摆渡文件”的形式来传递数据。没有包、命令和 TCP/IP 协议可以穿透物理隔离网闸。这同透明桥、混杂模式、IP over USB，以及通过开关方式来转发包有本质的区别，真正实现了物理隔离。

1. 单 / 双向物理隔离

物理隔离网闸可以提供双向的数据交换，涉密网络的服务器可以从非涉密网络的服务器获取数据库服务、文件服务甚至电子邮件和 FTP 连接。涉密网络也可以将数据库数据、文件等推送到非涉密网络服务器；单向的物理隔离网络只允许数据的单向流动，一般是从非涉密网络到涉密网络。这种方式在某些对安全性有更高要求的部门有需求。

2. 数据交换方式

数据交换方式是物理隔离网闸最关键的技术之一，目前常见的数据交换方式主要有两类：空气隔离（第一代物理隔离技术）；专用数据交换通道（第二代物理隔离技术）。

空气隔离采用类似“摆渡”的数据暂存区的方式交换裸数据，能满足基本的物理隔离需求，不足在于切换速度相对较慢，某些实时性要求较高的应用不能胜任；专用数据交换通道采用专用的数据交换接口卡，以专用的传输协议和总线达到极快的交换速度。

3. 企业级物理隔离网闸的应用前景及展望

企业级的物理隔离技术有非常广阔的应用前景，可以在涉密和非涉密网络之间进行数据交换，适用于一些需要具备较强信息安全度的行业用户，如政权、公安、政府金融。这些用户业务比较特殊，所以十分渴望拥有等级更高、保护性更强的信息安全技术。其中面向企事业单位、政府机关以及社会公众的电子政务系统是结合了互联网技术的一种信息处理系统。这个系统可以模拟机关内部的处理流程，协助受理申请、建议等实现政务。电子政务系统以所有的数据库为应用基础，要求各个环节都必须具备极高的安全性，特别是在网上审批环节，既需要准确且及时地交换外部数据，也需要保证审批数据库的安全。在过去还没有采用企业级物理隔离技术时，数据库会使用定时拨号或者人工拨号来进行数据交换，很难同时兼顾时效性与安全性。

采用企业级物理隔离技术不需要对政府机关的现有网络做任何修改，只需对数据交换系统进行简单配置便可使用。采用企业级物理隔离后，电子政务能够做到以下三点：①外网与公众互联网相连接，提供政府与社会的信息沟通渠道；②政务专网和内部局域网与公众互联网进行物理隔离，保障信息安全；③专网与内网之间进行逻辑隔离，保障业务信息的有序共享和互不干扰。随着需求的不断增加，许多物理隔离的应用应运而生，如内、外网（信任和非信任端）之间进行文件、邮件和网络包的交换。

尽管企业级物理隔离技术提供的安全强度很高，但并不能取代现有的防火墙、IDS、VPN 等主流安全技术。企业级物理隔离技术只有与上述安全技术相互结合，才能构建出安全强度更高、安全隐患和漏洞更少、安全风险更低的安全网络，才有可能使用户将关键数据业务安全地拓展到不信任网络上，或在互不信任的网络之间安全地进行数据交换，使企业网络真正达到“建以致用”的目的。

第五章　计算机病毒的检测与防治

第一节　计算机病毒概述

一、计算机病毒的定义

互联网时代的到来，带给了人们诸多好处，人们的生活得到了明显的改善，工作效率也有了显著提高。人们已经越来越依赖互联网，甚至已经很难想象在没有互联网的世界人们要怎样生活。但是所有技术其实都是双刃剑，是否会伤到自己取决于开发和使用技术的人做出的选择。互联网虽然让人们生活得更加多姿多彩，但是也让一些组织或者个人产生了借助互联网谋取不正当利益的想法和行为，因而网络环境变得十分动荡，网络安全事件频发，严重威胁了人们的生命财产安全。此处的网络安全事件指的是通过计算机或网络发起的、会损害到网络系统或数据保密性、完整性与可用性的攻击事件。

在日常生活和工作当中，计算机病毒攻击是最为常见的一种网络安全事件。计算机病毒就是在计算机内直接插入或者编制对计算机功能造成破坏或者直接毁灭数据，导致计算机无法正常使用，并且可以进行自我复制的计算机程序代码或者指令。其通常寄生在宿主文件中，随着宿主文件的传播达到传染的目的。

二、计算机病毒的特征

计算机病毒具有以下主要特征。

（一）可执行性

计算机病毒，就其本质而言，是计算机程序，形式上和普通的程序没什么区别。但与普通程序相比，病毒以实施破坏行为为目的。为了实现这一目标，病毒必须是可执行的，只有在被感染的宿主机上成功运行才能进行破坏。可执行性是计算机病毒最基本的特征。

（二）繁殖性

计算机病毒可以像生物病毒一样进行繁殖，当病毒程序运行时能够快速地进行自我复制。病毒的自我复制能力是普通程序所不具备的。繁殖性是判断一个程序是否为病毒的基本条件之一，同时也是计算机病毒具有传染性的基础。

（三）传染性

计算机病毒通常有两种传播方式：①病毒有很强的自我复制能力，可以进行自我传播；②病毒通过宿主文件的传播（如文件的拷贝及交换）进行传播。病毒通常存在于硬盘、软盘、U 盘、光盘等存储介质中。随着开发技术的不断升级，如今的病毒已经不局限在某一特定的操作系统（如 Windows 系统和 Linuzx 系统）上传播，而是可以跨平台进行传播。计算机病毒的传染性和生物病毒的传染性很相似，是普通程序所不具备的。传染性是计算机病毒最显著的特征，同时也是检测一个程序是否为病毒的主要评判标准之一。

（四）隐蔽性

计算机病毒为了实施破坏行为，在爆发之前，就要想方设法不被发现。病毒成功感染宿主程序后，表现得和普通程序并无差别，因此，能够在用户没有授权或毫无察觉的情况下，便悄然地进行传染。病毒的隐蔽性主要体现在两方面：第一，存在形式隐蔽，病毒寄生的宿主程序其形式和结构与正常的普通程序并无明显差别，用户很难发现自己运行的程序是否已经被感染；第二，传播行为隐蔽，病毒在爆发之前，会尽最大可能感染更多的文件，以造成更大的破坏，而用户同样很难发现自己有多少文件已经被感染。有些病毒拥有很强的隐蔽性，甚至变化无常，导致杀毒软件都检查不出来，对其无能为力。隐蔽性是计算机病毒能够长期潜伏不被发现的前提条件。

（五）潜伏性

为了造成更大的破坏，有的计算机病毒在感染了某个宿主机后，不会马上发作，而是长期驻留在该宿主机中。潜伏性越好，病毒驻留在宿主机中的时间就越久，感染的文件就越多，爆发时造成的破坏就越大。病毒潜伏的时间不固定，有的几个小时，有的几天，有的甚至几年，直到“时机成熟”才会爆发，这个“时机”体现了病毒的爆发需要触发条件。

（六）可触发性

计算机病毒通常因某个事件的发生，才会实施感染或进行攻击。计算机病毒为了隐藏自己，在潜伏时，就不能进行过多的操作，以免被发现。但是，如果一直潜伏，什么也不做，潜伏就失去了意义。病毒既要隐蔽又要造成一定的破坏，就必须具有可触发性。触发机制主要控制病毒感染和破坏行为的频率。病毒具有多种预定的触发条件，包括时间、日期、键盘、访问磁盘次数、文件类型、主板型号、某些特定数据等。当病毒运行时，触发机制会检测触发条件是否满足，如果满足，实施感染或进行攻击；如果不满足，病毒继续潜伏。

（七）衍生性

计算机病毒与生物病毒类似，会发生变异、变种。随着反病毒技术的不断进步，反病毒软件已经可以识别一些常见的病毒。为了躲避反病毒软件的查杀，计算机病毒设计者借鉴了“生物病毒通过变异来应对免疫系统产生的抗体”这一思想，在原有病毒的基础上进行修改和升级，升级后的病毒在传播的过程中还可以被其他人进行修改，经过不断修改、升级，最终产生的新病毒，其形式和结构已经非常复杂，很难被反病毒软件检测到。因此，变种后的计算机病毒的破坏力更大。

（八）不可预见性

计算机病毒种类繁多，层出不穷，甚至在不断发生变异、变种，表现形式令人难以捉摸，而且数量在逐年上升。从某种意义上讲，针对新型病毒的反病毒软件的研发及发布永远滞后于该病毒的出现。因此，仅依靠技术手段来防御病毒是不够的，还需要通过数学建模试图探索病毒的传播规律，从而为宏观策略的制定提供理论依据。

（九）破坏性

病毒一旦发作就会造成不同程度的破坏，包括删除文件数据、篡改正常操作、占用系统资源、造成系统崩溃、导致硬件损坏等。这些破坏行为往往以获取经济利益，甚至政治和军事利益为主要目的。

计算机病毒在传播过程中存在两种状态，即静态和动态。静态病毒存在于辅助存储介质中，如硬盘、软盘、U 盘、光盘，一般不能执行病毒的破坏或表现功能。当病毒完成初始引导，进入内存后，便处于动态，动态病毒本身处于运行状态。动态病毒有两种状态：可激活态和激活态。当内存中的病毒代码能够被系统的正常运行机制所执行时，动态病毒就处于可激活态；当系统正在执行病毒代码时，动态病毒就处于激活态。处于激活态的病毒不一定进行传染和破坏；但当病毒进行传染和破坏时，必然处于激活态。

如今的计算机病毒还具有网络蠕虫和木马程序的特点，并且能够利用互联网进行传播，其传播能力和破坏能力更强，通常驻留在各种电子设备（以下简称“节点”）中，如服务器、个人计算机（PC）、笔记本电脑、智能手机、平板电脑、POS 机甚至车载电脑。下面简要介绍网络蠕虫和木马程序的概念。

1. 网络蠕虫

网络蠕虫(简称蠕虫)是指可以通过网络将其自身的部分或全部代码复制、传播给网络中的其他节点的程序。蠕虫与狭义的计算机病毒的最大区别：狭义的计算机病毒需要寄生在宿主文件中，随着宿主文件进行传播；而蠕虫则不需要宿主文件，可以独立地进行传播。蠕虫通过网络进行大量复制、传播，会造成网络阻塞，甚至瘫痪。

2. 木马程序

木马程序（简称木马）是指通过伪装欺骗手段诱使用户激活自身，进而可以控制用户计算机的恶意程序。木马与狭义的计算机病毒和网络蠕虫最大的区别：木马不会自我复制，也并不“刻意”地去感染其他文件。木马通常有两个可执行程序：一个是客户端，即控制端；另一个是服务端，即被控制端。木马与我们常常用到的“远程控制软件”相似，但后者是“善意”的控制，通常不具有隐蔽性；而木马具有很强的隐蔽性，是以“窃取”为目的的远程控制，如盗取用户的网游账号、网银信息、身份信息。

三、计算机病毒功能结构

一个病毒主要由感染、载荷和触发等机制组成，病毒程序是一种特殊程序，其最大的特点是具有感染能力。病毒的感染动作受到触发机制的控制，病毒触发机制还控制了病毒的破坏动作。病毒程序一般由感染标记、感染模块、破坏模块、触发模块、主控模块等构成。

感染标记又称病毒签名。当病毒程序感染宿主程序时，要把感染标记写入宿主程序，作为该程序已被感染的标记。感染标记是一些数字或字符串，通常以 ASCI 方式存放在程序里。病毒在感染健康程序以前，先要对感染对象进行搜索，查看它是否带有感染标记。如果有，说明它被感染过，就不再进行感染；如果没有，病毒就感染该程序。不同的病毒感染标记位置不同，内容不同。例如：巴基斯坦病毒感染标记在 BOOT 扇区的 04H 处，内容为 1234H；大麻病毒在主引导扇区或 BOOT 扇区的 0H 处，内容为 EA 05 00 C0 07；耶路撒冷病毒在感染文件的尾部，内容为 MsDos。

感染模块是病毒进行感染时的动作部分，感染模块主要做三件事：①寻找一个可执行文件；②检查该文件是否有感染标记；③如果没有感染标记，就对其进行感染，将病毒代码放入宿主程序。

破坏模块负责实现病毒的破坏动作，其内部是实现病毒编写者预定的破坏动作的代码。这些破坏动作可能是破坏文件、数据，破坏计算机的时间效率和空间效率或者使机器崩溃。

触发模块根据预定条件满足与否，控制病毒的感染或破坏动作。依据触发条件的情况，控制病毒的感染或破坏动作的频率，使病毒在隐蔽的情况下，进行感染或破坏动作。病毒的触发条件有多种形式，例如：日期、时间、发现特定程序、感染的次数、特定中断的调用次数。

主控模块在总体上控制病毒程序的运行。其基本动作如下：①调用感染模块，进行感染；②调用触发模块，接受其返回值；③如果返回真值，执行破坏模块；④如果返回假值，执行后续程序。

感染了病毒的程序运行时，首先运行的是病毒的主控模块。实际上病毒的主控模块除上述基本动作外，一般还做下述工作：①调查运行的环境。②常驻内存的病毒要做请求内存区、传送病毒代码、修改中断矢量表等动作。这些动作都是由主控模块进行的。③在遇到意外情况时，必须能流畅运行，不应死锁。

为精确起见，用伪代码对病毒的结构进行详细描述，如表 5-1 所示。表中相关符号含义约定如下：

：= 表示定义；

：表示语句标号；

；表示语句分隔；

~ 表示非；

{ } 表示一组语句序列；

... 表示一组省略的无关紧要的代码。

表 5-1 病毒的功能结构

```
1. program virus:=
2. { 1234567;
3.
4. subroutine infect-executable:=
5. {   loop: file = get- random- executable-file;
6.        if first-line-of-file = 1234567 then goto loop;
7.       prepend virus to file; .
8.   }
9.
10. subroutine do-damage:=
11. { whatever damage is to be done }
12.
13. subroutine trigger-pulled:=
14.   { return true if some condition holds }
15.
16. main-program:=
17.   { infect-executable;
18.      if trigger-pulled then do-damage;
19.      goto next;}
20.
21. next:}
```

病毒从主程序开始，先执行 INFECT-EXECUTABLE 子程序，病毒程序（V）搜索一个未被病毒感染的可执行程序（E）。根据程序开始行有无“1234567”判定程序是否被病毒感染。如果开始行为 1234567，则表示程序已被病毒感染，不再进行传染；如果开始不是 1234567，则表示程序没有被病毒感染，需要运行 RANDOM-EXECUTABLE，并把病毒（V）放到可执行程序（E）的前面，使之成为感染的文件（I），PREFEND 语句的作用就是将（V）放到（E）的前面。

接着，病毒程序（V）检查激发条件是否为真。如果为真，则执行 DO-DAMAGE 子程序，即进行破坏，最后（V）执行它所附着的程序；如果激发条件不满足，则执行 NEXT 其他的子程序。

当用户要运行可执行程序（E）时，实际上是（I）被运行，它传染其他的文件，然后再像（E）一样运行。当（I）的激发条件得到满足时，就去执行破坏活动，否则除了要传染其他的文件占用一定的系统开销外，（I）和（E）都具有相同的功能。

一个病毒程序的作用在于动态执行过程中具有病毒传递性。需要指出，病毒并不一定要把自身附加到其他程序前面，也不一定每次运行只感染一个程序。如果修改病毒程序（V），指定激发的日期和时间，并控制感染的多次进行，则有可能造成病毒扩散到整个计算机系统，从而使系统处于瘫痪状态。

四、计算机病毒的分类

按照计算机病毒的特点及特性，计算机病毒的分类方法有许多种。

（一）按照计算机病毒攻击的系统分类

1. 攻击 DOS 系统的病毒

这类病毒出现最早、最多，变种也最多。

2. 攻击 Windows 系统的病毒

由于 Windows 的图形用户界面（GUI）和多任务操作系统深受用户的欢迎，其已取代 DOS，成为病毒攻击的主要对象。首例破坏计算机硬件的 CIH 病毒就是一个 Windows95/98 病毒。

3. 攻击 UNIX 系统的病毒

当前，UNIX 系统应用非常广泛，并且许多大型的操作系统均采用 UNIX 作为其主要的操作系统，所以 UNIX 病毒的出现，对人类的信息处理也是一个严重的威胁。

4. 攻击 OS/2 系统的病毒

世界上已经发现第一个攻击 OS/2 系统的病毒，它虽然简单，但也是一个不祥之兆。

（二）按照病毒的攻击机型分类

1. 攻击微型计算机的病毒

这是世界上传染最为广泛的一种病毒。

2. 攻击小型机的计算机病毒

小型机的应用范围是极为广泛的，它既可以作为网络的一个节点机，也可以作为小的计算机网络的主机。起初，人们认为计算机病毒只有在微型计算机上才能发生，而小型机则不会受到病毒的侵扰。但自 1988 年 11 月份因特网受到 Morris Worm 程序的攻击后，人们认识到小型机也同样不能免遭计算机病毒的攻击。

3. 攻击工作站的计算机病毒

计算机工作站在不断发展的同时，应用范围也有了较大的发展，攻击计算机工作站的病毒的出现是对信息系统的一大威胁。

（三）按照计算机病毒的链结方式分类

计算机病毒本身必须有一个攻击对象以实现对计算机系统的攻击，而计算机病毒所攻击的对象则是计算机系统可执行的部分。

1. 源码型病毒

该病毒攻击高级语言编写的程序，其在高级语言所编写的程序编译前插入源程序中，经编译成为合法程序的一部分。

2. 嵌入型病毒

这种病毒是将自身嵌入现有程序中，把计算机病毒的主体程序与其攻击的对象以插入的方式链接。这种计算机病毒是难以编写的，一旦侵入程序体后也较难消除。如果同时采用多态性病毒技术、超级病毒技术和隐蔽性病毒技术，将给当前的反病毒技术带来严峻的挑战。

3. 外壳型病毒

外壳型病毒将其自身包围在主程序的四周，对原来的程序不做修改。这种病毒最为常见，易于编写，也易于发现，一般测试文件的大小即可知晓。

4. 操作系统型病毒

这种病毒在运行时，用自己的逻辑部分取代操作系统的合法程序模块，具有很强的破坏力，能够导致整个系统的瘫痪。圆点病毒和大麻病毒就是典型的操作系统型病毒。

（四）按照计算机病毒的破坏情况分类

1. 良性计算机病毒

良性病毒就是不存在会直接、立即破坏计算机系统正常运行的代码。此类病毒会通过不断的扩散来展现其存在，它会从一台计算机传染到其他的计算机中，不会对计算机的内部数据做出破坏。但其实所谓的良性只是相对于恶性来说是比较轻微的病毒。良性病毒如果拥有了系统控制权，就会大幅降低系统的运行效率，减少系统可用内存，致使一些应用程序无法正常运行。除此之外，它还会跟应用程序与操作系统争夺 CPU 控制权，经常锁死系统，阻碍正常操作。

2. 恶性计算机病毒

恶性病毒就是直接损害计算机系统运行的代码，在其发作或者感染时会直接破坏计算机系统。此类病毒非常多，如米开朗基罗病毒，当该病毒发作时，就会直接彻底破坏硬盘的前 17 个扇区，那些被破坏的数据也无法通过操作来恢复，很容易造成难以挽回的损失。一些病毒还会直接格式化硬盘，此类操作代码是病毒的本性，是被刻意编写到病毒当中去的。

（五）按照计算机病毒的寄生部位或传染对象分类

传染性是计算机病毒的本质属性，根据寄生部位或传染对象分类，即根据计算机病毒传染方式进行分类，有以下几种。

1. 磁盘引导区传染的计算机病毒

磁盘引导区传染的计算机病毒主要是用病毒的全部或部分逻辑取代正常的引导记录，而将正常的引导记录隐藏在磁盘的其他地方。由于引导区是磁盘能正常使用的先决条件，因此，这种病毒在运行的一开始（如系统启动）就能获得控制权，其传染性较大。由于在磁盘的引导区内存储着需要使用的重要信息，如果对磁盘上被移走的正常引导记录不进行保护，则在运行过程中就会导致引导记录被破坏。引导区传染的计算机病毒较多，如“大麻”和“小球”病毒就是这类病毒。

2. 操作系统传染的计算机病毒

操作系统是一个计算机系统得以运行的支持环境，它包括 COM、EXE 等许多可执行程序及程序模块。操作系统传染的计算机病毒就是利用操作系统中所提供的一些程序及程序模块寄生并传染的。通常，这类病毒是操作系统的一部分，只要计算机开始工作，病毒就处在随时被触发的状态，而操作系统的开放性和不绝对完善性给这类病毒出现的可能性与传染性提供了方便。操作系统传染的病毒目前已广泛存在，“黑色星期五”即此类病毒。

3. 可执行程序传染的计算机病毒

可执行程序传染的计算机病毒通常寄生在可执行程序中，一旦程序被执行，病毒也就被激活，病毒程序首先被执行，并将自身驻留在内存，然后设置触发条件，进行传染。

（六）按照计算机病毒激活的时间分类

按照计算机病毒激活的时间可分为定时病毒和随机病毒。定时病毒仅在某一特定时间才发作，而随机病毒一般不是由时钟来激活的。

（七）按照传播媒介分类

按照计算机病毒的传播媒介分类，可分为单机病毒和网络病毒。

1. 单机病毒

单机病毒的载体是磁盘，常见的是病毒从软盘传入硬盘，感染系统，然后再传染其他软盘，软盘又传染其他系统。

2. 网络病毒

网络病毒的传播媒介不再是移动式载体，而是网络通道，这种病毒的传染能力更强，破坏力更大。

（八）按照寄生方式和传染途径分类

计算机病毒按其寄生方式可分为两类：一是引导型病毒，二是文件型病毒。它们再按其传染途径又可分为驻留内存型和不驻留内存型，驻留内存型按其驻留内存方式又可细分。混合型病毒集引导型和文件型病毒特性于一体。

1. 引导型病毒

引导型病毒会去改写，即一般所说的“感染”磁盘上引导扇区（Boot Sector）的内容，软盘或硬盘都有可能感染病毒，再不然就是改写硬盘上的分区表（FAT）。如果用已感染病毒的软盘来启动系统的话，则会感染硬盘。

引导型病毒是一种在ROM BIOS之后，系统引导时出现的病毒，它先于操作系统，依托的环境是BIOS中断服务程序。

引导型病毒常驻在内存中，按其寄生对象的不同又可分为两类，即MBR（主引导区）病毒与BR（引导区）病毒。MBR病毒也被称为分区病毒，将病毒寄生在硬盘分区主引导程序所占据的硬盘0头0柱面第1个扇区中。典型的病毒有大麻（Stoned）、2708等。BR病毒是将病毒寄生在硬盘逻辑0扇区或软盘逻辑0扇区，即0面0道第1个扇区。典型的病毒有Brain、小球病毒等。

2. 文件型病毒

文件型病毒以感染可执行程序为主。它的安装必须借助病毒的载体程序，即要运行病毒的载体程序，才能把文件型病毒引入内存。感染病毒的文件被执行后，病毒通常会趁机再对下一个文件进行感染。

文件型病毒分为源码型病毒、嵌入型病毒和外壳型病毒。源码型病毒是用高级语言编写的，若不进行汇编、链接则无法传染扩散。嵌入型病毒是嵌入在程序的中间，它只能针对某个具体程序，如dBASE病毒。文件外壳型病毒按其驻留内存方式可分为高端驻留型、常规驻留型、内存控制链驻留型、设备程序补丁驻留型和不驻留内存型。

五、计算机病毒作用机制

一个病毒程序的引导模块，主要是将整个病毒程序送入计算机系统中，完成病毒程序的安装。对于含有较长代码的病毒程序（如小球病毒一类），因病毒程序被分作两部分在介质中存放，则要首先实现两部分病毒程序的合并，然后再进行安装。在此之后，引导程序还要修改系统的中断向量，使之分别指向病毒程序的传播部分和表现部分。这样就使病毒程序的这两部分由静态转变为动态，并脱离引导模块直接与计算机系统打交道。最后，引导模块还要执行原来系统正常的引导工作（对操作系统型病毒而言），或执行被调入内存的可执行文件（对文件型病毒而言）。这样在用户看来，计算机仍在“正常”地工作，用户丝毫觉察不到病毒的入侵。

病毒程序的传播模块负责完成将病毒程序向其他的网络、软盘、硬盘等介质上传染的工作，担负着向外扩散病毒的任务。该模块一般包括两部分：一部分是传播条件判断部分，对满足条件的介质进行传染；另一部分是传染部分，将整个病毒程序传至被攻击的目标上。一个程序具有传染能力，是判断其为计算机病毒的先决条件。正是其传染性，才使得病毒程序得以生存、繁殖。病毒程序的传播过程只是在读、写盘操作瞬间，人们是很难发现的。

病毒设计者的真实目的都体现在病毒程序表现模块上。如果只是想做恶作剧，那设计者制作的计算机病毒表现模块只会注重表现出病毒本身，以借此将设计者的才华显露出来，或者降低计算机效率，并以此为乐趣。但是如果是恶毒的攻击者，那其设计的计算机病毒表现部分就会以破坏系统数据为主要目的。

表现模块有两部分：一是触发判断条件，会根据此部分来确定计算机系统是否遭到了病毒程序破坏。该触发条件如同一个定时炸弹，严重威胁着系统的数据。如果需要满足该破坏判断机制所需条件比较多，那病毒具有的潜伏性就会偏小。二是表现部分工作段，将病毒设计者的目的暴露出来，对系统进行破坏。

第二节　计算机病毒的检测

计算机病毒的检测方法主要有长度检测法、病毒签名检测法、特征代码检测法、校验和法、行为监测法、软件模拟法、感染实验法、生物免疫法、人工智能方法等。这些方法依据的原理不同，实现时所需开销不同，检测范围不同，每种方法均有其自身的优缺点。

一、长度检测法

感染性是病毒最基本的特征，而宿主程序增长则是最明显的感染症状，这种增长一般为几百字节。在计算机里，这种微小的变化很难引起注意，如果感染了病毒，那最常见的症状就是文件的长度出现了莫名其妙的增长。

而长度检测法就是通过提前记录好文件原本的长度，并在运行过程中对文件长度进行定期监视，以此来发现病毒。

确定病毒导致文件长度增长的准确数字，就可以根据文件的长度增加值来判断程序是否遭到感染，且根据增长的字节的具体长度还可以大体判断感染的病毒是什么。在很多场合都可以通过检查文件长度是否出现增长来确定是否存在病毒。然而，事实上，现如今还不存在能够完美检测所有病毒的方法，因此长度检测法也具有自身的局限性，其只对可疑程序的长度做出检查而并不能充分检测出所有病毒，原因如下。

（1）文件长度的变化可能是合法的，有些普通的命令也可以引起文件长度的变化。

（2）经常进行的不知不觉对程序的修改可能引起长度变化。

（3）不同版本的操作系统也可能造成此类变化。

（4）某些病毒感染文件时，宿主文件长度可保持不变。

在上述情况下，长度检测法不能区别程序的正常变化和病毒攻击引起的变化，不能识别保持宿主程序长度不变的病毒。

二、病毒签名检测法

病毒签名（病毒感染标记）是宿主程序已被感染的标记。不同病毒感染宿主程序时，在宿主程序的不同位置放入特殊的感染标记。这些标记是一些数字串或字符串，如 1357、1234、MSDOS、FLU。不同病毒的病毒签名内容不同、位置不同。经过剖析病毒样本，掌握了病毒签名的内容和位置之后，可以在可疑程序的特定位置搜索病毒签名。如果找到了病毒签名，就可以断定可疑程序中有病毒，是何种病毒。这种方法被称为病毒签名检测法。

该方法的特点如下。

（1）必须预先知道病毒签名的内容和位置。要想把握各种病毒的签名，就必须剖析病毒。剖析一个病毒样本要花费很多时间，每一种病毒签名的获得都意味着耗费分析者的大量劳动，是一笔很大的开销。掌握大量的病毒签名，将有很大的开销。剖析必须是细致、准确的，否则不能把握病毒签名。

（2）可能虚假报警。一个正常程序在特定位置具有和病毒签名完全相同的代码，这种巧合的概率是很低的，但是不能说绝对没有。如果遇到这种情况，病毒签名检测法就不能正确判断，会错误报警。由于这种误报概率很低，因此病毒签名法可以相当准确地判断出病毒的种属。

三、特征代码检测法

病毒签名是一个特殊的识别标记，它不是可执行代码，并非所有病毒都具备病毒签名。某些病毒判断宿主程序是否受到感染是以宿主程序中是否含有某些可执行代码段为判据的，因此，反病毒专家也采用了类似的方法检测病毒。在可疑程序中搜索某些特殊代码的检测法，被称为特征代码检测法。

特征代码法被普遍用于各商业反病毒工具软件中。一般认为特征代码法是检测已知病毒最简单、开销最小的方法。

特征代码法的实现步骤如下。

（1）采集已知病毒样本。

（2）在病毒样本中，抽取特征代码。在抽取特征代码时应依据如下原则：①抽取的代码比较特殊，不大可能与普通正常程序代码吻合。②抽取的代码要有适当长度。一方面维持特征代码的唯一性，另一方面又不要有太大的空间与时间的开销。③在感染多种文件病毒的样本中，要抽取不同种样本共有的代码。

（3）将特征代码纳入病毒数据库。

（4）打开被检测文件，在文件中搜索、检查文件是否含有病毒数据库中的病毒特征代码。

（5）如果发现病毒特征代码，由于特征代码与病毒一一对应，便可以断定，被查文件中患有何种病毒。

采用病毒特征代码法的检测工具，面对不断出现的新病毒，必须不断更新版本，否则检测工具便会老化，逐渐失去实用价值。

特征代码法的优点：①检测准确、快速；②可识别病毒的名称；③误报警率低；④依据检测结果，可做杀毒处理。

其缺点：①不能检测未知病毒；②搜集已知病毒的特征代码，费用开销大；③在网络上效率低（在网络服务器上，因长时间检索会使整个网络性能变坏）。

该种检测法有如下特点。

（1）依赖对病毒精确特征的了解。必须事先对病毒样本做大量剖析。

（2）剖析病毒样本要花费很多时间。从病毒出现到找出检测方法有时间滞后性。

（3）如果病毒中作为检测依据的特殊代码段的位置或代码被改动，则将使原有检测方法失效。

此类病毒检测工具设计的难点下如。

（1）检测速度要快。

（2）误报警率要低。

（3）要具有检查多态性病毒的能力。

（4）要能对付隐蔽性病毒。如果隐蔽性病毒先进驻内存，后运行病毒检测工具，那么它能先于检测工具，将被查文件中的病毒代码剥去，使得检测工具虽在检查一个有毒文件，但它真正看到的是一个“好文件”，而不能报警，被隐蔽性病毒所蒙骗。

专家预测，多态性病毒和隐蔽性病毒将成为今后病毒技术的主流，如果检测工具不能从多态性病毒中找出判据，不能找出对付进驻内存的隐蔽性病毒的策略，此类工具在与病毒的对抗中就必败无疑。

四、校验和法

对正常文件的内容，计算其校验和，将该校验和写入文件中或写入别的文件中保存。在使用文件的过程中，每次使用文件之前或者定期对文件的内容算出校验与其之前报错的校验进行对比，检查是否一致，以此来判断文件是否被病毒感染，这便是校验和法。该方法可以发现已知和未知的病毒，但是无法识别出病毒是什么种类，也无法说出病毒的名称。文件除了会因为病毒感染而出现内容改变，还会因为正常的程序而改变文件内容，所以校验和法很容易出现误报情况，并且这种方法也会让文件运行速度变慢。

虽然文件在感染病毒之后确实会发生内容上的变化，但是校验和法对文件内容变动太过敏感，无法区分出是病毒感染还是正常程序引起的内容变动，经常会发出警报。所以校验和法并不是检测病毒的最好办法，它在运行参数发生变化、软件版本更新、口令变更等正常情况下都会出现误报。

校验和法对隐蔽性病毒无效。隐蔽性病毒进驻内存后，会自动剥去染毒程序中的病毒代码，使校验和法受骗，对一个有毒文件算出正常校验和。

运用校验和法查病毒可采用以下三种方式。

（1）在检测病毒工具中纳入校验和法，对被查的对象文件计算其正常状态的校验和，将校验和值写入被查文件中或检测工具中，而后进行比较。

（2）在应用程序中，放入校验和法自我校查功能，将文件正常状态的校验和写入文件本身中，每当应用程序启动时，比较现行校验和与原校验和值，实行应用程序的自检测。

（3）将校验和检查程序常驻内存，每当应用程序开始运行时，自动比较检查应用程序内部或别的文件中预先保存的校验和。

校验和法的优点：①方法简单；②能发现未知病毒；③被查文件的细微变化也能发现。

其缺点：①必须预先记录正常态的校验和；②会误报警；③不能识别病毒

名称；④不能对付隐蔽型病毒。

五、行为监测法

利用病毒的特有行为特性监测病毒的方法，被称为行为监测法。通过对病毒多年的观察、研究，人们发现有一些行为是病毒的共同行为，而且比较特殊。在正常程序中，这些行为比较罕见，当程序运行时，监视其行为，如果发现了病毒行为，就立即报警。

行为监测法的优点：①可发现未知病毒；②可相当准确地预报未知的多数病毒。

其缺点：①可能误报警；②不能识别病毒名称；③实现时有一定难度。

六、软件模拟法

多态性病毒会在每一次感染时改变病毒的密码，因此，特征代码法完全无法对付此类病毒。由于多态性病毒代码采取密码化，每次都会用不同的密钥，所以即便是将染毒程序里的病毒代码进行比较，也无法找到一个稳定的、能作为特征的代码。尽管行为监测法可以检测此类病毒，但是它无法在检测病毒之后确认病毒的种类。

因此，为了检测和处理多态性病毒，专家研制了软件模拟法这个全新的检测方法。这是一种软件分析器，会借助软件的方式对程序的运行进行模拟与分析。加入了软件模拟法的检测工具在运行时，如果用特征代码法发现了病毒，疑似存在多态性病毒或者隐藏病毒，此时就会启动软件模拟模块，对病毒实时监视，待破译病毒密码之后，再借助特征代码检测法对病毒种类加以明确。

七、感染实验法

感染实验法是一种简单实用的检测病毒方法。这种方法的原理是利用病毒最重要的基本特征——感染特性去检测病毒。所有的病毒都会进行感染，如果不会感染，就不称其为病毒了。如果系统中有异常行为，最新版的检测工具也查不出病毒时，就可以做感染实验，运行可疑系统中的程序以后，再运行一些确切知道不带病毒的正常程序，然后观察这些正常程序的长度和校验和，如果发现程序长度增长，或者有校验和变化，就可断言系统中有病毒。

八、生物免疫法

传统的病毒检测方法只适用于检测已知病毒，属于被动检测。而基于免疫系统的计算机病毒检测模型能够快速、自动地检测出已知和未知的病毒。它首先对计算机病毒进行分析，然后从中提取出最基本的特征信息，将其作为疫苗注入病毒检测系统中，以帮助识别计算机病毒。在合理提取病毒疫苗的基础上，通过接种疫苗和免疫检测来实现对计算机病毒的检测，如图 5-1 所示。它主要由以下几部分组成。

（1）疫苗提取。病毒检测系统采集病毒程序对操作系统的调用信息，将其编码、分类、整理后作为疫苗注入病毒特征信息库中。

（2）检测器生成。病毒检测系统使用的检测器分为 α 检测器和 β 检测器两类，分别对应特异性免疫和非特异性免疫。α 检测器由病毒特征信息库中的疫苗直接生成；β 检测器则由对 α 检测器使用变异算子后得到。

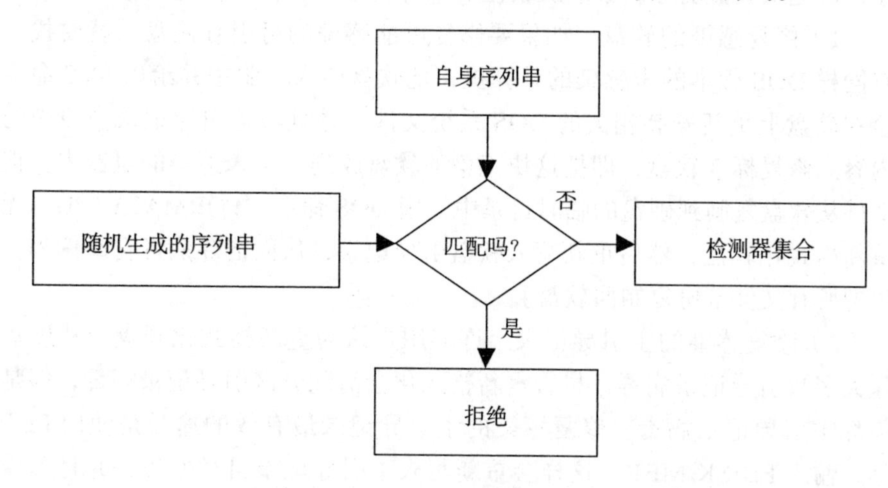

图 5-1　生物免疫法

（3）病毒识别。将对程序编码形成的抗原与 α 检测器或 β 检测器进行匹配，如果两者之间的亲和度高于某一阈值，则认为该抗原是“非己”抗原即计算机病毒，发出报警信息。

（4）病毒特征信息库。病毒特征信息库是计算机病毒检测系统的基础，它不仅记录着所有已知病毒的特征码及行为特征，而且可以存储新的未知病毒的信息，为以后的病毒检测提供依据。

九、人工智能法

在计算机的信息安全领域中，通过人工智能范式来建立一个健全的可以有效防范计算机病毒的智能系统是当今紧迫且十分重要的研究课题，是人工智能研究工作要迈入的新领域。通过人工智能技术，未来可能实现直接自动抽取计算机病毒特征、自动检测和判定病毒的一系列功能。

第三节　计算机病毒的消除与防范

一、计算机病毒感染后的恢复

（一）防止和修复引导记录病毒

防止主引导记录和分区引导记录病毒的较好方法是改变计算机的磁盘引导顺序，避免从软盘引导。必须从软盘引导时，应该确认该软盘无毒。

（1）修复感染的软盘。如果要修复可能感染的可引导磁盘，就要找一个具有同样 DOS 版本的未感染的计算机，把软盘插入软驱中并给出 SYS 命令。这会在软盘上重新安装相关的 DOS 系统文件，并且覆盖引导记录中原来的自举内容。修复标准软盘，即把这块感染的软盘放到一个未感染的机器中，把所有文件从软盘复制到硬盘的临时目录中，用 DOS 命令“FORMATA：/U”无条件重新格式化软盘，然后重新写入软盘引导记录，从而清除病毒自举例程，之后再把所有文件备份复制回软盘。

（2）修复感染的主引导记录。许多用户认为重新格式化硬盘会从硬盘中清除大多数引导记录病毒。尽管重新格式化会清除分区引导记录病毒，但是不能破坏主引导记录病毒。修复感染的主引导记录最有效的途径是使用 FDISK 工具，输入 FDISK/MBR，这样会重新写入主引导记录自举例程，并且覆盖病毒自举例程。

（3）利用反病毒软件修复。大多数反病毒程序使用自己的病毒扫描器组件检测并修复主引导记录和分区引导记录。一旦反病毒程序知道了感染的准确性质，包括病毒的类型，它就能够定位病毒存放的原来的 MBR、主引导记录或分区引导记录，并且覆盖感染的引导记录。因为大多数病毒总是在同样的位置存放引导记录。当要修复软盘感染或主引导记录感染时，反病毒程序也可以使用其他技术。如果反病毒程序找不到其他引导记录，它就用一种特殊的程序在感染的引导记录中覆盖病毒自举例程。对主引导记录病毒，反病毒程序会用一个简单的代替例程覆盖病毒自举程序。这种代替像 FDISK 插入的标准加载自举例程的方式一样工作，对于这种类型的修复工作，硬盘的分区表必须完整不动，因为反病毒程序只会代替主引导记录中的自举部分。

（二）防止和修复可执行文件病毒

即便是在经验丰富的用户眼中，将感染病毒的文件进行修复也是一件很困难的事情。使用尚未感染的备份替代感染的程序文件是最有效的修复途径。倘若没有进行备份，通常就会使用反病毒程序对被感染的文件进行修复。此类程序通常会启动病毒扫描器组件对程序文件进行检测和修复。当文件感染的不是覆盖型病毒时，程序修复的概率就会比较大。可执行文件在感染上非覆盖型病毒时，必须存放和宿主程序相关的一些特定信息。这类信息是在执行完病毒之后用来执行之前的程序的。当病毒中存在此类信息，反病毒程序就可以对其进行定位，将其复制到宿主文件的相应部分，然后直接切掉文件里的病毒。

二、计算机病毒的消除

消除病毒的方法较多，最简单的方法就是使用杀毒软件，下面介绍几种清除计算机病毒的方法。

（一）使用DOS命令处理病毒

处理那些依附在可执行文件上的病毒的一个办法是将其从磁盘上删除，然后复制一个“干净”的文件到磁盘上。由于使用这种方法只是将文件从文件配置表上删除并将该文件使用过的扇区称为“可用”，因此，这不是100%有效且不出错的方法。造成这种情况的原因较简单，这是因为后来复制到磁盘上的干净的版本并不总是在原先保存感染病毒的文件的地方保存，因而保存原来感染文件的扇区并未被删除。尽管如此，由于旧的感染文件再也不会以它所感染的形式运行，故一般可以肯定病毒不再会出来捣乱。

（二）引导型病毒的处理

引导型病毒的一般清理办法是格式化磁盘。这种方法的缺点是，当用户格式化了磁盘，不但病毒被杀掉了，而且数据也被清除掉了。下面介绍一种不用格式化磁盘的方法，不过还需要介绍一些相应知识。

与引导型病毒有关的扇区大概有以下两个部分。

（1）硬盘的物理第一扇区，即0柱面、0磁头、1扇区。这个扇区被称为“硬盘主引导扇区”，包括两个独立的部分：第一部分是开机后硬盘所有可执行代码中最先执行的部分，在该扇区的前半部分，被称为“主引导记录”（Master Boot Record，MBR）。第二部分不是程序，而是非执行的数据，记录硬盘分区的信息，即人们常说的“硬盘分区表”（Partition Table），从偏移量1BEH开始，到1FDH结束。

（2）硬盘活动分区（除康柏计算机外，大多是第一分区）的第一个扇区。一般位于0柱面、1磁头、1扇区，这个扇区被称为“活动分区的引导记录”，它是开机后继MBR后运行的第二段代码的所在之处。其他分区也具有一个引导记录（BOOT），但是其中的代码不会被执行。

用无病毒的DOS引导软盘启动计算机后，可运行下面的程序来分担不同的工作。

（1）“Fdisk/MBR”用于重写一个无毒的MBR。

（2）“Fdisk”用于读取或重写硬盘分区表。

（3）“Format C：/S”或“SYS C：”会重写一个无毒的“活动分区的引导记录”。对于可以更改活动分区的情况，需要另外特殊对待。

既然病毒是程序，那么根据上述情况就能判断程序和病毒都可能存在的场所是硬盘的物理第一扇区和硬盘活动分区的第一扇区，而硬盘的物理第一扇区和硬盘活动分区的第一扇区可以还原，所以，引导型病毒的清除不需要硬盘的物理第一扇区和硬盘活动分区的第一扇区以外的步骤，包括无须低级格式化。处于硬盘的物理第一扇区和硬盘活动分区的第一个扇区以外的任何其他场所的非文件程序数据，都不会被干净的硬盘的物理第一扇区和硬盘活动分区的第一个扇区所调用。任何“残余”的程序片段都是没有活动能力的数据。

另外还需要注意以下一些问题。

（1）对硬盘分区FAT或其他数据重新编码（或称为“加密”）的病毒，需要按照病毒的算法先进行解码，否则进行上述步骤后，可能会导致硬盘数据的丢失，这也是某些反病毒软件在清除引导型病毒时要备份一个带病毒分区的原因。

（2）对于特殊分区，“活动分区的引导记录”的位置可能不是位于第一个分区，如康柏计算机有一个保留分区，代替了ROM BIOS Setup，而成了Hard Disk Setup，但是无论如何，使用Fdisk命令删除了所有分区后，再按照任何方法重建分区，都一定不会使原来的病毒代码起作用。

（3）当硬盘分区表数据特殊时，需要用修改后的DOS或低版本DOS才能够引导，但这并不意味着需要任何低级格式化的操作。

（4）对于“文件+引导型”的病毒，其中引导型的部分，上述讨论仍适用。

（5）引导型病毒，不属于“DOS文件型病毒”“Windows（PE/NE）文件型病毒”的“宏病毒”的范畴。

（6）清除引导型以外的病毒更没有理由进行低级格式化。

（7）对于非DOSFdisk管理的系统，本节的基本论点仍然成立。

（8）低级格式化确实能够清除任何病毒，没有任何病毒在低级格式化后能够生存，但这不意味着清除病毒必须要进行低级格式化的操作，但是如果认为保留数据不如重新安装更方便的话，也可以这样做。

（三）宏病毒清除方法

对于宏病毒最简单的清除步骤如下。

（1）关闭 Word 中的所有文档。

（2）选择“工具 / 模板 / 管理器 / 宏”选项。

（3）删除左右 2 个列表框中所有的宏（除了自己定义的），一般宏病毒为 AutoOpen、AutoNew 或 AutoClose。

（4）关闭对话框。

（5）选择“工具 / 宏”选项。若有 AutoOpen、AutoNew 或 AutoClose 等宏，删除它们。

以上步骤清除了 Word 系统的病毒，然后打开 .doc 文件，选择“工具 / 模板 / 管理器 / 宏”选项，若左右 2 个列表框中列有非用户定义的宏，则证明该 .doc 文件有毒，执行上述的步骤（3）和（4），然后将文件存盘，则该 .doc 文件的病毒就被清除了。

有时病毒会感染其他的 .dot 文件，如台湾 1 号宏病毒，感染 Poweup.dot，会在每月 13 号弹出猜数游戏，可在“工具 / 模板 / 管理器 / 宏”选项里任一列表框下关闭 Normal.dot，再打开其他的 .dot，看看是否有可疑的宏，如有 AutoOpen、AutoNew 或 AutoClose，则可以删除它们。

一般来说，Word 宏病毒编制很简单，只要用户学习过 Basic 简单的编程就可阅读病毒源程序，就可以找出病毒标志，从而不仅可以杀毒，还可以给文档加上一个疫苗。

（四）杀毒程序

杀毒程序是许多反病毒程序中的一员，但它在处理病毒时，必须知道某种特别的病毒的信息，然后才能按需要对磁盘进行杀毒。

对于文件型病毒，杀毒程序需要知道病毒的操作过程，如它将病毒代码依附在文件头部还是尾部。一旦病毒被从文件中清除，文件便恢复到原先的状态，原先保存病毒的扇区被覆盖，从而消除了病毒被重新使用的可能性。

对于引导扇区病毒，在使用杀毒程序时需格外小心谨慎，因为在重新建立引导扇区和主引导记录（Master Boot Record，MBR）时，如果出现错误，其后果是灾难性的，不但会导致磁盘分区的丢失，而且会丢失硬盘上的所有文件，使系统再也无法引导了。产生这个致命错误的原因是替换的 MBR 信息从错误的位置上取来，或者是被病毒引导到错误的位置。出错的 MBR 信息被写到引导扇区，使磁盘无法启动和使用。另外，有时可能有多种不同的病毒感染，这样会进一步使反病毒程序发生混乱，不能找到正确的引导扇区的位置，从而使磁盘完全失去使用的价值。

三、计算机病毒的防范

（一）漏洞扫描技术

不论是操作系统还是应用软件，都不可避免地存在漏洞，这些漏洞带来了安全隐患。因此，及时处理被发现的漏洞，进行系统升级和打补丁是非常重要的。漏洞扫描技术能够从系统内部检测系统配置的缺陷和不足，能够检测到系统中被黑客利用的各种错误配置和一些系统的漏洞，是一种自动检测本地或者远程主机安全性弱点的程序。

漏洞扫描技术大致包括 POP3 漏洞扫描、FTP 漏洞扫描、SSH 漏洞扫描、HTTP 漏洞扫描等技术。

（二）实时反病毒技术

新型的计算机病毒不断出现，已有的杀毒软件无法对计算机病毒的入侵进行全面的防御，因而反病毒技术这一概念诞生了。一些防病毒卡会直接插到系统的主板上，对系统进行实时监控，当发现有疑似感染病毒的行为出现时就会及时警告管理者。这种实时监测的反病毒技术具有先前性，会将所有程序先过滤一遍再进行调用，当发现病毒入侵网络就会及时发出警报并自动杀毒。

（三）计算机病毒免疫技术

病毒免疫就是指系统过去被病毒感染过，但是已经清除了病毒，系统不会再被相同类型的病毒攻击。如今最常见的免疫方法为针对一类计算机病毒所涉及的病毒免疫，但是其具有局限性，即无法保护文件不被计算机病毒破坏。除此之外，还有一种方法就是从自我完整性检查出发的计算机病毒免疫，其原理为增加一个可以恢复、可执行程序信息的免疫外壳。

（四）计算机病毒防御技术

病毒防御主要研究如何防御未知和未来病毒，理论上是不能预知未来病毒机理的，因此，只能用于系统自身的安全性和系统自保护。简单的预防方法有以下几种。

（1）养成良好的计算机使用习惯。不随意访问一些非法的或者不安全的网站，这些网站往往都潜伏着病毒，当浏览网页时，可能会导致计算机感染病毒。

（2）减少传染。病毒的传染途径包括网络、软盘和光盘。不要轻易打开一些来历不明的邮件，不要运行从互联网上下载的未经查杀毒处理的软件等，不要在线启动某些软件，不要随意打开程序或安装软件。

（3）经常升级操作系统的安全补丁。很多网络病毒都是通过系统安全漏洞或系统结构缺陷进行传播的，如SCO炸弹、冲击波。

（4）使用复杂的密码。许多网络病毒都是通过猜测简单密码的方式攻击和入侵系统的，使用更加复杂烦琐的密码会降低被病毒攻击的概率。

（5）迅速隔离受到感染的计算机。计算机异常或被病毒感染时，应立即切断连接，立刻断网，以防止计算机受到更多的感染，或者成为传播源。

第六章　网络安全管理研究

第一节　网络管理的基本内容与模式

一、网络管理的基本内容

（一）用户管理

用户管理包括管理用户标识、用户账号、用户口令和用户个人信息等。

（二）配置管理

配置管理的目标是监视网络的运行环境和状态，改变和调整网络设备的装置，确保网络有效可靠地运行。

网络配置包括识别被管理网络的拓扑结构、监视网络设备的运行状态和参数、自动修改指定设备的配置、动态维护网络等。

（三）性能管理

性能管理的目标是通过监控网络的运行状态，调整网络性能参数来改善网络的性能，确保网络平稳运行。

网络性能包括网络吞吐量、响应时间、线路利用率、网络可用性等参数。

（四）故障管理

故障管理的目标是准确、及时地确定故障的位置及产生原因，尽快解除故障，从而保证网络系统正常运行。

故障管理通常包括故障检测、故障诊断和故障恢复。

（五）计费管理

公用数据网必须能够根据用户对网络的使用核算费用并提供费用清单。数据网中费用的计算方法通常要涉及几个互联网络之间的费用核算和分配问题。所以，网络费用的计算也是网络管理中非常重要的一项内容。

计费管理主要包括统计用户使用网络资源的情况、根据资费标准计算使用费用、统计网络通信资源的使用情况、分析预测网络业务量等。

（六）安全管理

网络安全管理的目标是保护网络用户信息不受侵犯、防止用户网络资源的非法访问、确保网络资源和网络用户的安全。

安全管理的措施包括设置口令和访问权限以防止非法访问、对数据进行加密、防止非法窃取信息、防治病毒等。

二、网络管理模式

现在计算机网络变得愈来愈复杂，对网络管理性能的要求也愈来愈高，为了满足这种需求，今后的网络管理将朝着层次化、集成化、Web 化和智能化方向发展。网络管理模式有集中式、分布式、分层式和分布式与分层式结合四种方法。

（一）集中式网络管理模式

集中式网络管理模式是目前使用最为普遍的一种模式，如图 6-1 所示，有一个网络管理者对整个网络的管理负责，处理所有来自被管理网络系统上的管理代理的通信信息，为全网提供集中的决策支持，并控制和维护管理工作站上的信息存储。

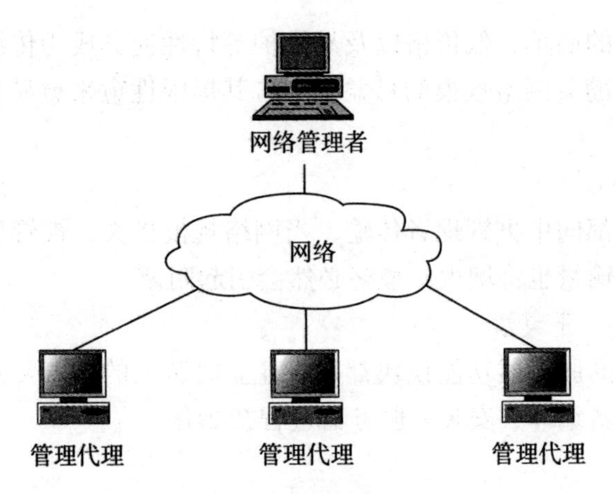

图 6-1　集中式网络管理模式

集中式有一种变化的形式，即基于平台的形式，如图 6-2 所示。该模式将唯一的网络管理者分成管理平台和管理应用两部分。管理平台是对管理数据进行处理的第一阶段，主要进行数据采集，并能对底层管理协议进行屏蔽，为应用程序提供一种抽象的统一的视图。管理应用在数据处理的第二层，主要进行决策支持和执行一些比信息采集和简单计算更高级的功能。这两部分通过公共应用程序接口（Application Programming Interface，API）进行通信。这种结构易于维护和扩展，也可简化异构的、多厂商的、多协议网络环境的集成应用程序的开发。总体而言，它仍是一种集中式的管理体系，应用程序一旦增多，管理平台就成了瓶颈。

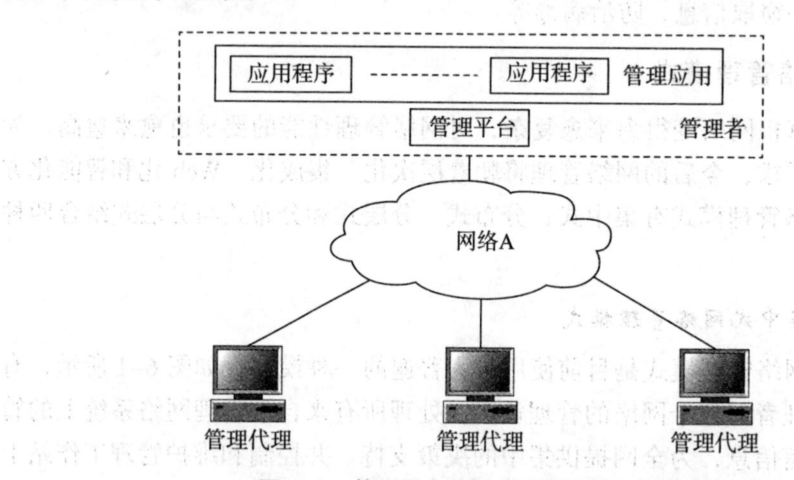

图 6-2　基于平台的集中式网络管理模式

集中式结构的简单、低价格以及易维护等特性使其成为传统的、普遍的网络管理模式，但随着网络规模的日益扩大，其局限性愈来愈显著，主要表现在以下几个方面。

1. 不可扩展性

所有的信息都向中央管理者传输，当网络规模扩大、被管理对象种类增多时，管理信息传输量也将增大，最终必然会引起阻塞。

2. 功能固定，不灵活

集中式管理的服务器功能模块都是在建立时装入的，若要修改或增加新的功能，则必须重新编译、安装、服务器进程初始化。

3. 不可靠性

网管工作站一旦出现故障，整个网络管理系统都将崩溃。若连接两部分的中间某一设备出现问题，则后面的网络也就失去了管理功能。

4. 传输中的瓶颈

如图 6-3 所示的一个典型的复杂广域网络，两个网络 A、B 通过路由器和低速链路连接。在集中式管理条件下，位于网络 A 的网络管理者对网络 A 和 B 上的所有代理进行管理。实践中发现网络管理系统的瓶颈主要出现在 a、b、c、d 处，即路由器、低速链路、网络 A 与管理系统的接口以及管理系统的计算分析处。

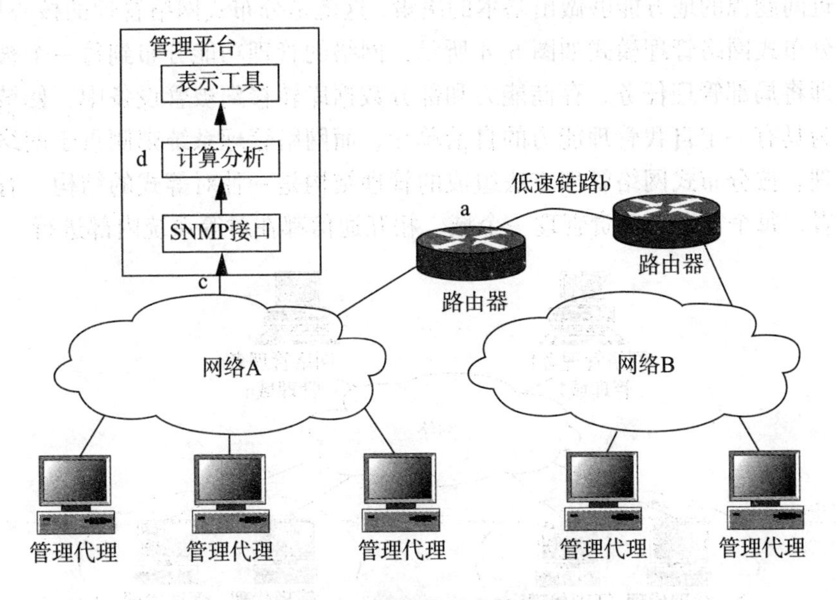

图 6-3　网络管理中的瓶颈

（1）a 处路由器：该路由器显然是瓶颈之一，一旦发生故障，网络 A 中的管理者发出的网络管理信息包就不能到达网络 B，这样整个网络 B 就成为一个不可管理的网络。

（2）b 处低速链路：因为带宽问题该低速链路成为瓶颈。网络 B 上的所有 MIIB 信息都要通过低速链路传递到网络 A。当 B 中的代理数目较多时，对低速链路的带宽要求很高，并且管理者还要不停地对网络 B 进行轮询，这更使低速链路成为系统的瓶颈。

（3）c 处管理平台与网络 A 的接口：在这种复杂的网络中，代理的数目可能很多，使管理平台和网络 A 之间的流量相当大，这将占用管理平台通信处理机大量的时间和存储空间，甚至导致通信阻塞。

（4）d 处管理平台：管理平台要从大量的 MIB 变量值中通过计算和分析，得到有意义的值，然后经过表示工具呈现给最终的管理者。网络越复杂，MIB

信息量就越大，这一过程对管理平台 CPU 的负载也就越大。在实际的某些网络管理平台中，系统往往要花几分钟才能对用户的要求做出反应。

（二）分布式网络管理模式

为了减少中心管理控制台、局域网连接和广域网连接以及管理信息系统不断增长的负担，将信息和智能分布到网络各处，使得管理变得更加自动化，在最靠近问题源的地方能够做出基本的决策，这就是分布式网络管理的核心思想。

分布式网络管理模式如图 6-4 所示，网络的管理功能分布到每一个被管设备，即将局部管理任务、存储能力和部分数据库转移到被管设备中，使被管设备成为具有一定自我管理能力的自治单元，而网络管理系统则侧重于网络的逻辑管理。按分布式网络管理方法组成的管理结构是一种对等式的结构，有多个管理者，每个管理者负责管理一个域，相互通信都在对等系统内部进行。

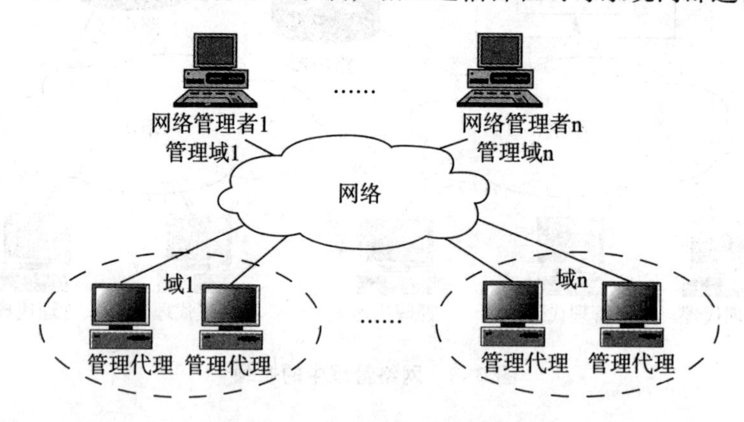

图 6-4　分布式网络管理模式

分布式网络管理将数据采集、监视以及管理分散开来，它可以从网络上的所有数据源采集数据而不必考虑网络的拓扑结构，为网络管理员提供更加有效的、大型的、地理分布广泛的网络管理方案。分布式网络管理模式主要具有以下特点。

1. 自适应基于策略的管理

自适应基于策略的管理是指对不断变化的网络状况做出响应并建立策略，使得网络能够自动与之适应，从而提高解决网络性能及安全问题的能力，减少网络管理的复杂性。

2. 分布式的设备查找与监视

分布式的设备查找与监视是指将设备的查找、拓扑结构的监视以及状态轮询等网络管理任务从管理网站分配到一个或多个远程网站的能力。这种重新分配既降低了中心管理网站的工作负荷，又降低了网络主干和广域网连接的流量负荷。

采用分布式管理，安装有网络管理软件的网站可以配置成采集网站或管理网站。采集网站是那些接替了监视功能的网站，它们向有兴趣的管理网站通告它们所管理的网络的任何状态变化或拓扑结构变化。每个采集网站负责对一组用户可规范的管理型对象（称为域）进行信息采集。采集/管理网站跟踪其在它们的域内所发生的网络设备的增加、移动和变化。在规律性的间歇期间，各网站的数据库将与同一级或高一级的网站进行同步调整，这使得远程网址的信息系统管理员在监控它们自己资源的同时，也让全网络范围的管理员了解了目前设备的现有状况。

3. 智能过滤

通过优先级控制，不重要的数据就会从系统中排除，从而使得网络管理控制台能够集中处理高优先级的事务。为了在系统中的不同地点排除不必要的数据，分布式管理采用设备查找过滤器、拓扑过滤器、映像过滤器与报警和事件过滤器。

4. 分布式阈值监视

阈值事件监视有助于网络管理员先于用户感觉到有网络故障，并在故障发生之前将问题检测出来，加以隔离。采集网站可以独立地向相关的对象采集到SNMP及RMON趋势数据，并根据这些数据引发阈值事件措施。采集网站还将向其他需要上述信息的采集网站及管理网站提供这些信息，同时还有选择地将数据转发给中心控制台，以便进行容量规划、趋势预测以及为服务级别协议建立档案。

5. 轮询引擎

轮询引擎可以自动地、自主地调整轮询间隙，从而在出现异常高的读操作或出现网络故障时，获得对设备或网段的运行及性能更加明了的显示。

6. 分布式管理任务引擎

分布式管理任务引擎可以使网络管理更加自动，更加独立。其典型功能包括分布式软件升级及配置、分布式数据分析和分布式IP地址管理。

分布式管理的根本属性是能容纳整个网络的增长和变化，因为随着网络的扩展，监视智能及任务职责会同时不断地分布开来，既提供了很好的扩展性，又降低了管理的复杂性。将管理任务都分布给各域的管理者，使网络管理更加稳固可靠，这样既提高了网络性能，又使网络管理在通信和计算方面的开销大大减少。

（三）分层式网络管理模式

尽管分布式网络管理能解决集中式网络管理中出现的一系列问题，但目前还无法实现完全的分布方案，因此，目前的网络管理是分布式与集中式相结合的分层式网络管理模式。

分层式网络管理模式是在集中式管理中的管理者和代理之间增加一层或多层管理实体，即中层管理者，从而使管理体系层次化。在管理者和代理间增加一层管理实体的分布式网络管理模式，如图 6–5 所示。一个域管理者只负责该域的管理任务而并不能意识到网络中其他部分的存在，域管理者的管理者 MOM（Manager of Managers）位于域管理者的更高层，收集各个域管理者的信息。分层式与分布式最大的区别：各域管理者之间不相互直接通信，只能通过管理者的管理者间接通信。分层式网络管理模式在一定程度上缓解了集中式管理中存在的问题，但是给数据采集增加了一定的难度，同时也增加了客户端的配置工作。如果域管理者配置不够仔细，往往会使多个域管理者监视和控制同一个设备，从而消耗网络的带宽。

分层式结构可以通过加入多个 MOM 进行扩展，也可以在 MOM 上再构建 MOM，使网络管理体系成为一种具有多个层次的结构。这种结构的管理模式比较容易开发集成的管理应用，并且使这些管理程序能从各个不同域中读取信息。

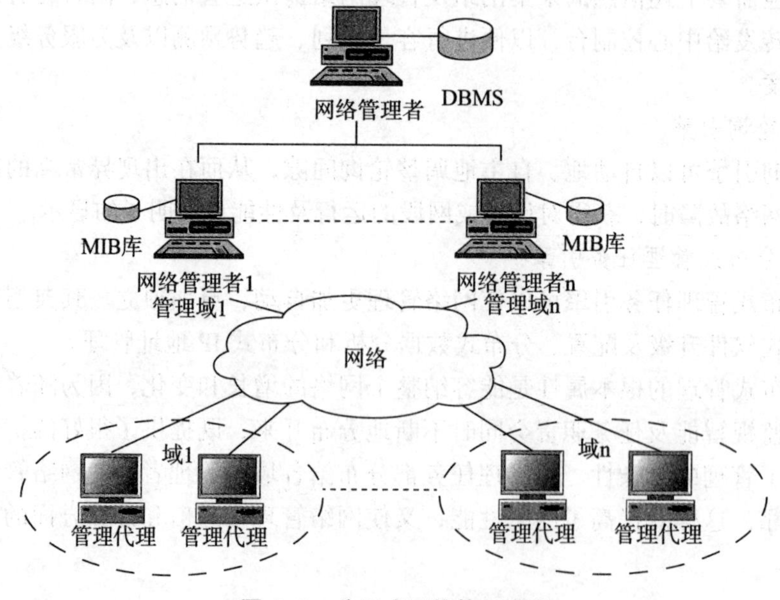

图 6–5　分层式网络管理模式

（四）分布式与分层式结合网络管理模式

分布式与分层式结合网络管理模式吸收了分布式和分层式的优点和特点，具有很好的可扩展性，如图 6-6 所示，它采用了域管理和 MOM 的思想。

在分布式与分层式结合网络管理模式中，有多个管理者，这些管理者被分为元素管理者和集成管理者两类。每个元素管理者负责管理一个域，而每个元素管理者又可以被多个集成管理者管理，所以，集成管理者就是管理者的管理者。多个集成管理者之间也具有一定的层次性，易于开发集成的管理应用。

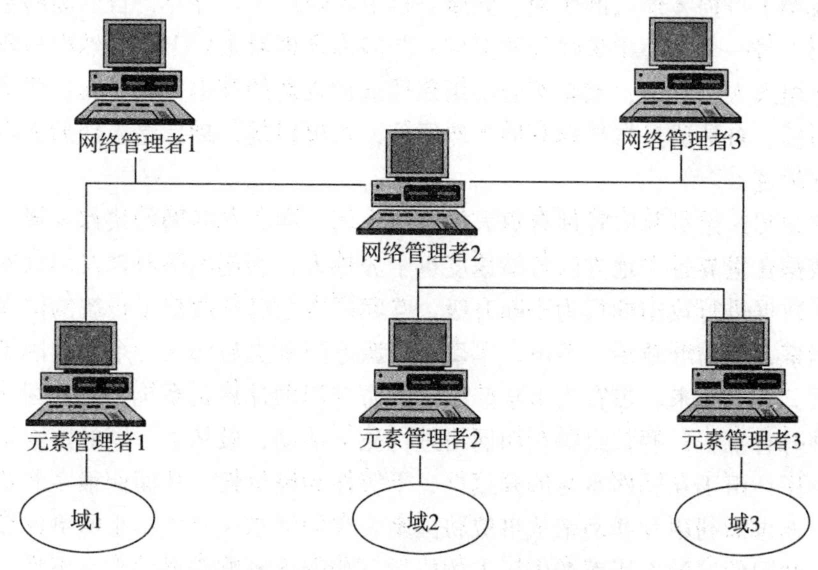

图 6-6　分布式与分层式结合网络管理模式

第二节　网络安全管理的策略

一、网络安全管理的理论基础

（一）社会契约论视野下维护国家安全的需要

社会契约论是西方近代的一种具有深远影响力的理论，对西方甚至很多东方国家的法律制度、经济制度和政治体制等的建立都产生了很大的影响。近代思想家在对古代契约思想进行扬弃的基础上，建立了社会契约论的理论体系。社会契约论的代表性人物卢梭认为，在经过全体公民一致认同的契约上建立的共同体，是带有道德和集体性质的共同体。卢梭对主权和政府进行了明确的区分，他认为主权是一种带有精神力量的东西，而政府则是主权的执行者，政府是有形的、物质的。政府执行主权，其目的只能是追求公共的幸福，除此之外不能再有其他任何的目的。洛克也是社会契约论的代表者，他认为，生命、健康、自由和财产是人类最基本的要求，任何人都不能剥夺，自然权利的保障是自然法。“自然状态有一种为人人应当遵守的自然法对它起着支配作用；而理性，也就是自然法，教导着有意遵从理性的全人类。人们既然都是平等和独立的，任何人都不得损害他人的生命、健康、自由和财产……并且，自然法的基础是那植根于每一个人心中最强烈的愿望。”因为在他看来，上帝既然将自我保存的思想植入人类心中，就必然会运用理性这种天然的约束力教导人们要实现这样的目标。自然法是自然权利的天然屏障，也可以说，理性是人性的天然实现者和保护者。

社会契约论对政府管理有很大的指导作用。随着互联网的快速发展，网络信息数据在世界各个地方的传播速度也十分惊人，利用网络对涉及国家安全的计算机数据进行攻击的行为不断升级，互联网安全已经改变了传统的国家安全构成因素，成为继政治、经济、军事、资源等因素之后的又一个影响国家安全的因素。近些年来，黑客攻击某些国家国防部门的计算机系统，盗窃国家情报的案件时有发生；邪教组织利用网络进行犯罪活动，破坏了一国的国家安全与社会秩序：由于互联网本身的开放性、平等性和廉价性，从而使很多非政府组织和个人也能利用互联网来从事威胁国家安全的活动。一个小小的事件都可以因为互联网的发酵作用而产生巨大的能量，演变成影响全局的重大事件，如果被别有用心的人利用，就会对国家安全和社会稳定造成威胁。按照社会契约论的主张，人民的委托是政府权力的正当性来源，政府权力由人民赋予，经过人民的选举活动，政府和人民形成了一种契约性的关系，附加于政府权力之上。政府的责任也是由人民赋予的，政府应当以自己的行为对人民负责。在信息化时代，网络安全事件危害国家安全时，政府理应对网络安全问题进行管理，消除危害，维护社会的稳定及国家安全。

（二）治理理论中善治的要求

治理理论是当今比较流行的理论学说，具有深刻的内涵。治理理论起源于20世纪80年代和90年代的一系列的政府和公司治理运动。世界银行也在90年代初期提出过银行治理方面出现的危机；联合国也强调治理理论特别是全球的治理，其理论渊源比较丰富，主要包括公共选择理论、新公共管理理论、新制度经济学中委托代理理论、有限政府理论和新自由主义思潮。治理理论的内涵可以从以下两个方面来把握。一方面，治理理论的价值意义是主体多元化，主体之间强调互动，主动进行治理。在一个治理区域内，具有治理权限的各个主体形成一种治理网络，相互信任、加强合作、各主体联动，促进治理网络发挥最大作用。另一方面，自律性组织作为政府治理、市场治理的重要补充，其治理能发挥重要的载体作用，在复杂的社会环境中，三种治理模式相互配合，共同建构科学的治理范式。

作为当今比较流行的政府管理理论，治理理论强调善治，是尊重和保护人民大众自由权利的治理活动。善治就是使公共利益最大化的社会管理过程。善治的本质特征在于它是政府与公民对公共生活的合作管理，是政治国家与公民社会的一种新颖关系，是两者的最佳状态。善治的要素包括以下几点：①合法性。它指的是社会秩序和权威被自觉认可和服从的性质和状态。②透明性。它指的是政治信息的公开性。③责任性。它指的是人们应当对自己的行为负责。④法治。法治的基本意义是，法律是公共政治管理的最高准则，任何政府官员和公民都必须依法行事，在法律面前人人平等。⑤回应。它的基本意义是，公共管理人员和管理机构必须对公民的要求做出及时的、负责的反应，不得无故拖延或没有下文。⑥有效。其主要指管理的效率。

互联网使人民感受到很大的便利，有很大的自由体验，同时，互联网也对人们进行了某种程度上的控制。在互联网中，人们并不是实质上的独立个体，他们之间存在着虚拟性的社会关系，他们相互之间既有依赖又有影响。互联网虽然是虚拟的，但它不能脱离实际社会而存在。现实中的人是互联网生活的主体，互联网可以体现人的需要和思想，因此互联网仍然具有社会属性。政府必须对互联网进行安全管理，打击少数违法犯罪行为，才能保证大多数的人在互联网上享受自由，这也是善治的具体体现。

（三）安全管理理论下维护网络社会秩序的要求

安全，是指人的身心免受外界消极因素影响的存在状态及保障条件，安全不是瞬间的结果，而是对系统在某一时期、某一阶段过程状态的描述。

而安全管理，是指利用管理的活动，将事故预防、应急措施与保险补偿三种手段有机地结合在一起，以达到保障安全的目的。

安全管理可以分为宏观的安全管理与微观的安全管理，前者是指国家从政治、经济、文化、法律、组织等方面采取的安全管理活动。后者是指企业等生产部门对安全管理所采取的活动。安全管理还可以分为广义的安全管理和狭义的安全管理。前者是指安全管理的对象包括所有的社会活动，后者是指安全管理的对象仅仅包括生产过程。

安全管理对于控制事故发生有着重要的作用，如果改进安全管理，就有利于减少绝大多数事故的发生；保障安全管理，才有可能提高工作效率，保障经济效益的提高。加强安全管理，是人性化原则的体现，是保障人权的要求，也是遵守法律的体现。

安全管理与互联网安全管理有着包容关系，互联网安全管理应该属于广义的安全管理。安全管理理论的一些基本原则、方法和规则，对互联网安全管理工作具有很大的指导意义。运用安全管理理论来指导互联网的管理工作，有利于建立较为科学的互联网运行管理体制，健全有关的法律法规，加强技术力量，充分解决实际工作中的突出问题，维护网络社会的秩序。

二、网络安全管理策略

（一）强化网民的互联网安全管理观念

互联网安全管理不能只靠政府的具体实际行为，政府管理者和公众的互联网安全管理观念也是很重要的环节。只有具备了充分和先进的观念，才能科学地指导实践工作，才能使安全管理工作占据精神上的高地。

1. 重视互联网安全管理

认识到当前互联网的发展形势，提高警惕意识，注重从源头上治理互联网安全问题。要提升网民进行互联网操作的能力。如果没有一定的网络操作能力，也就难以进行网络安全隐患的防备，因为互联网属于高科技，对于其操作和使用是一个技术上的要求。要通过各种途径使网民都能了解杀毒软件、补丁程序的下载和使用，加深对安全管理工具的熟悉程度。

2. 举办网络安全管理讲座

由于我国网民数量众多，分布广泛，因此，可以利用国家级和省级电视台、互联网等媒体，举办各种有关网络安全方面的培训讲座，使公众能够方便地接受有关培训。另外，在培训讲座的内容选择方面要结合实际情况，要有针对性，重点介绍防止黑客攻击、网络犯罪、网络不良信息干扰和网络诈骗等方面的内容，使广大公众易于接受。

3. 加强互联网安全管理的法制教育

对公众进行互联网安全方面的法律和行政法规的宣传，向公众传授有关法律知识，提高其对于互联网安全管理法制的认识和理解，从而强化安全管理的法律意识，约束自己的行为，防御互联网安全问题的侵害。

（二）完善互联网安全管理的相关法律法规

立法是制度建设的主要因素，作为互联网安全管理方面的法律法规，其制定和完善将为安全管理工作的顺利开展提供法律保障，也为该项工作的开展提供科学的指导。当前我国正在建设社会主义法治国家，法治政府、法制市场经济建设都是法治国家建设的关键要素，而作为政府管理内容之一的互联网安全管理，也应当适应法治政府建设的标准和需求，坚持依法管理、法制健全、执法有保障。目前我国互联网安全管理的法律规章还存在很多问题，完善相关的法律法规规章，是现实情况的必然要求，也是建立互联网安全管理长效机制的题中之义。

1. 制定互联网管理相关法规

明确对互联网违法和不良信息的处罚原则、方式和处罚类型。法律的威慑作用是通过其对违法行为的惩处来表现的，我国应当多参考其他国家类似问题的立法经验，结合我国自身实际情况，在处罚网络不良和违法信息方面明确有关责任。未成年人作为祖国的下一代，担负着我国经济建设和社会发展的重任，也是推进民族复兴工作的主要力量，只有身心健康、法治意识完备、能力过硬的年青一代才能真正挑起重担。目前，我国互联网中存在着很多对未成年人成长产生不良影响的信息，而未成年人尚处在心智的发育和成熟阶段，对网络信息的判断能力尚未加强，在网络不良内容的诱惑下，极有可能沉迷或者被误导，而强化对未成年人健康上网的法律制度制定，积极引导其合理利用网络资源，帮助其避开不良内容的侵害将是立法的重要内容。立法提高对未成年人的关注和保护度，将会对未成年人的健康成长起到积极的作用。我国法律应当进一步明确隐私权的权利主体、客体、侵权行为类型、表现以及具体法律责任等。健全关于隐私权的制度设计，保障执法工作有充分的依据。

2. 加强立法的前瞻性，并适应互联网现实发展的需要

在信息化时代，互联网发展的速度相当快，关于互联网安全问题的各种新情况层出不穷，这对立法者的立法前瞻性提出了很高的要求。立法是一项严谨细致的工作，关于安全管理方面的立法也应当遵循这个原则，不能仅仅因为一时的形势变化而草率立法或者随意更改内容。应当深刻研究互联网安全问题的本质、发展方向、特征等，把握安全问题的规律，在立法过程中要紧密结合这些规律，加强论证和研讨，进行科学合理的条文设计。立法要对互联网安全问题的未来发展态势有一个基本的预期，以增强立法的前瞻性，减少因为新情况

的出现而导致的法律规制漏洞，降低法制风险。最重要的是改变被动立法的局面，即使出现突发问题要对法律法规的适用做出变通，也要及时采取合理的补充立法方式来加以完善，变被动立法为主动有为的立法。

（三）建立互联网安全管理的有效机制

互联网安全管理需要科学有效的机制作为保障，这样才能使各项工作按照一定的原则、合理的程序开展，才能促进安全管理工作在正常的轨道上运行，保障法律和政策发挥其应有的作用。

1. 成立全国性互联网管理部门

高度重视互联网安全管理工作。对现有的资源进行整合，如成立由多部门联合组建的协调部门，对互联网安全问题进行专项治理。我国目前有权治理互联网安全问题的政府部门有工信部、文化部、公安部等。可以设立一个专门的管理部门，负责互联网安全管理工作的日常事务，对涉及多部门的互联网管理权力，要能够进行协调与整合，从而最大化地发挥各部门的功能，促进资源的有效配置。

2. 加强互联网安全管理科学化

制定互联网安全管理政策时应当遵循依法、科学、合理和吸取民意的原则，政策形成应当按照民主程序来进行，政策内容也应当具有可操作性与合理性。要加强对于政策执行的监管，强化纪律约束，建立科学的工作评价标准，保证有关互联网安全管理的政策能够得到有效的畅通，并为该项工作的开展提供充分的动力。

3. 强化专项治理行动

专项治理行动，能够在很短的时间内，产生打击互联网安全问题的正面影响，解决一些突出性问题，在社会上形成威慑力。专项治理行动需要协调各个参与部门的关系，发挥各部门的优势，还要听取社会公众的意见，在整治活动中吸取经验教训，促进长效机制的顺利形成。

4. 加强行业自律意识建设

加强行业自律意识建设，最主要的是做好互联网行业自律体系的建设。一方面，要加强行业自律规范的建立进程，结合互联网事业发展的具体情况，针对多发性的安全问题，制定合理的行业自律规范。互联网服务的提供者、电子商务的经营者等主体应当切实履行行业自律规范，树立职业伦理道德观，坚决抵制互联网不良行为。另一方面，要规范上网主体的行为守则，通过社会公共道德规范、法律制度的宣传等方式，使广大公众深刻理解网络不良行为的危害，减少肆意制造网络病毒、肆意进行黑客攻击的行为，避免网络谣言的散布和蔓延，树立文明上网的理念，约束和规范网络言行。

5. 建立互联网安全问题的预警制度

当发生可能危害国家安全、危害公共安全以及大规模危害财产安全的互联网行为时，如网络上的煽动行为对政权和社会稳定构成威胁时，预警机制的重要性就要突显出来。互联网安全管理的专门机构要主导各级政府、大型企业等建立预警制度，加强网络安全监测和处置。当发生重大网络安全事件时，监测机构要及时发现问题并向管理者报告，监测机构要能够进行重大问题的分析和判断，研究重大安全问题的特点和运行规律，制定出治理预案，并且还要能够单独或者协同其他部门对重大安全问题进行有效处理。这样的预警机制对于解决复杂的网络安全问题将会起到重要作用。

第七章　计算机网络安全技术的创新应用

第一节　网络安全技术在校园网中的应用

一、校园网络的安全风险分析

网络安全是一个立体的系统，网络信息安全单元、网络安全特性要求与TCP/IP协议网络各层之间存在着交叉的多维联系。校园网安全的风险来自网络的各个层面，首先，校园网是一个基于TCP/IP协议的大型局域网，TCP/IP协议采用四层的层级架构，由网络接口层、网络层、传输层和应用层构成，每一层在执行特定的通信任务时都面临着本身缺陷所带来的风险。其次，学校各部门业务应用以及支持这些应用运行的操作系统、数据库，存在很多的安全漏洞。最后，安全管理机制、网络安全策略以及防护意识的不足所带来的风险也不容忽视。

本节从物理层、链路层、网络层、传输层、操作系统、业务应用六个方面对校园网面临的各种风险进行分类描述。

（一）物理层的安全风险

物理层安全风险指的是由于物理设备的放置不合适或者环境防范措施不得力，而使得网络设备和设施，包括服务器、工作站、交换机、路由器等网络设备，光缆和双绞线等网络线路以及不间断电源等，遭受水灾、火灾、地震、雷电等自然灾害、意外事故或人为破坏，进而造成校园网不能正常运行。其主要表现如下。

（1）地震、水灾、火灾等环境事故造成通信线路破坏、设备损坏、系统毁灭。

（2）电源故障造成设备断电，导致服务器硬件损坏、操作系统文件损坏、数据信息丢失。

（3）存储、传输介质损坏导致数据丢失。

（4）没有采取措施针对机密程度不同的网络实施物理隔离。

（5）安防措施薄弱，以致信息泄露或设备被盗、被毁。

（6）电磁辐射可能造成信号被截获，致使数据信息丢失、泄密。

（二）链路层的安全风险

数据链路层位于物理层上方和网络层、传输层的下方，是较为薄弱的环节。通过各种控制协议和规程在有差错的物理信道中实现无差错的、可靠的数据帧的传输。这一层遭受攻击会直接威胁其他各层。但是这一层的安全问题又最容易被忽视，链路层的安全问题主要有以下几方面。

1. 内容寻址存储器（CAM）表格淹没

内容寻址存储器（CAM）表格淹没，或称 MAC 地址泛洪攻击，交换机中的 CAM 表格包含了诸如在指定物理端口所提供的 VLAN 参数和相关的 MAC 地址之类的信息。CAM 表格大小是有限制的，网络侵入者会向攻击交换机提供大量的无效 MAC 源地址，直到 CAM 表格添满。此时，交换机端口接收到不同源 MAC 地址的数据帧，CAM 表将不会添加其地址的对应关系，交换机处于失效开放状态，并将传输进来的单播帧向所有的端口做广播处理，这样侵入者就可以侦听到其他用户的信息。

2. 地址解析协议（ARP）攻击

ARP（Address Resolution Protocol）协议的作用是将处于同一个子网中的主机 IP 地址与对应的 MAC 地址进行映射。ARP 协议设计中存在漏洞，即主动在子网中广播 ARP 报文。当未获得授权就企图更改 ARP 表格中的 MAC 和 IP 地址信息时，就发生了 ARP 攻击。通过这种方式，入侵者可以根据需要伪造 MAC 或 IP 地址组合，甚至是网关的 IP 地址和 MAC 地址的组合。常见的攻击类型有两种：服务拒绝和中间人攻击。近几年，几乎每一个校园网都遭遇过 ARP 病毒的侵害。

3. 操纵生成树协议

生成树协议（Spanning Tree Protocol，STP）是一种解决网络环路问题的智能算法，用于防止在以太网拓扑结构中产生桥接循环。在双核心的校园网拓扑结构中两个交换节点配有多条链路以进行冗余，但是这样会产生环路，形成广播风暴。配置生成树协议，交换机相互之间会进行 BPDU（Bridge Protocol Data Units）报文交换，计算拓扑，生成网络中的根网桥和根端口，选举出各交换节点到达根网桥开销最低的链路为最优路径，暂时阻断其他的冗余链路，形成逻辑上无环路的树形拓扑结构。

网络攻击者通过向交换机广播伪装的网桥协议数据单元（BPDU），声称发出攻击的网桥优先权较低，迫使重新计算生成树拓扑。成功后攻击者主机便成为整个网络的根网桥，从而可获得网络中的数据帧。

4. DHCP 欺骗

动态主机设置协议（Dynamic Host Configuration Protocol，DHCP）是一个局域网的网络协议，使用 UDP 协议工作，主要用途是为网络中的客户机动态地分配 IP 地址和相关参数，包括 DNS 服务器 IP 地址和默认网关。DHCP 欺骗有两种类型：一种类似 CAM 表泛洪攻击，通过利用伪造的 MAC 地址广播 DHCP 请求的方式来进行，诸如 gobbler 之类的攻击工具就可以很容易地造成这种情况，如果所发出的请求足够多的话，就可以在一段时间内耗尽 DHCP 服务器所提供的地址空间。另一种攻击方式是在网络中引入一台非法的 DHCP 服务器，为提出 DHCP 请求的用户分配非法的 IP 地址、默认网关和 DNS 地址，从而影响用户正常上网，严重的会造成与服务器的 IP 地址冲突，使整个网络处于混乱状态。

5. 媒体存取控制地址（MAC）欺骗

在进行 MAC 欺骗攻击的过程中，攻击者伪造目标主机的 MAC 地址，通过向交换机发送带有该主机以太网源地址的单个数据帧的办法，改写交换机 CAM 表格中的条目，使得交换机将以该主机为目的地址的数据包转发给攻击者。除非该主机向外发送信息，否则它不会收到任何信息。直到该主机向外发送信息，CAM 表中对应的条目再次改写时，通信才能恢复正常。

6. VLAN 攻击

虚拟局域网 VLAN（Virtual Local Area Network），是一种将交换设备在逻辑上划分成不同网段，建立虚拟工作组的新兴数据交换技术。通过 VLAN 技术可以把同一物理局域网内的不同用户逻辑地划分成不同的广播域，一个 VLAN 内部的广播和单播流量都不会转发到其他 VLAN 中，有助于控制流量、减少设备投资、简化网络管理、提高网络的安全性。

VLAN 攻击的基本方式是以动态中继协议为基础的，在某种情况下还以中继封装协议（Trunking encapsulation Protocol 或 802.1q）为基础。动态中继协议（DYNAMIC Trunk PRotcol）用于协商两台交换机或者设备之间的链路上的中继以及需要使用的中继封装的类型。链路层的 VLAN 攻击体现为以下两种类型。

（1）VLAN 跳跃 (VLAN Hopping) 攻击，这是一种恶意攻击，利用它，一个 VLAN 上的用户可以非法访问另一个 VLAN。如果网络中交换机端口配置成 DTP auto，接收到伪造的 DTP 协商报文后，便启用基于 IEEE 802.1q 的 Trunk 功能，于是恶意攻击主机就成为干道端口，并有可能接收通往任何 VLAN 的流量。还有一种形式是攻击方先构造一个包含入侵对象 VLAN ID 的 802.1q 数据帧，再在该数据帧外层封装一层合法的 VLAN tag，因为大多数交换机仅支持单层 VLAN tag，所以当 802.1q 干道接收分组，剥离掉外层标记后，伪造的内部 VLAN ID 便成为分组的唯一 VLAN 标识符，从而实现数据在不同的 VLAN 间跳转。

（2）VTP 攻击，VTP（VLAN Trunk Protocol）协议可在一个管理域中以组播的方式同步 VLAN 信息，减少复杂交换环境中 VLAN 信息的配置工作。遵循该协议，网络中交换机可以配置为 VTP 服务器、VTP 客户端或者 VTP 透明交换机。当工作于 VTP 服务器模式下的交换机对 VLAN 进行添加、修改或移除改动时，VTP 配置版本号会增加 1，低版本的 VTP 客户端自动与高版本的 VTP 服务器配置进行同步。攻击者在与交换机之间建立中继通信后，通过修改自己的配置版本号就能获得相当于 Server 的角色，对网络内的 VLAN 架构进行改动。

（三）网络层的安全风险

网络层处于网络体系结构中物理链路层和传输层之间，该层的主要功能是封装 IP 数据报，进行路由转发，解决机器之间的通信问题。TCP/IP 协议簇中最为核心的协议 IP（因特网协议）在网络层应用最为广泛。TCP、UDP、ICMP 及 IGMP 数据都以 IP 数据报格式进行传输。这一层的常见安全问题主要有以下几个。

1. 明文传输面临的威胁

当网络数据包以纯文本格式在以太网上传输时，同一个子网的每个网络设备很容易通过一定方式侦听到此数据信息。使用数据包嗅探器就可以监视到网络状态、数据流量和一些敏感的信息，甚至是用户账户名称和密码。如果获得的是一些关键账号和口令，就将对整个系统造成极大危害，甚至造成经济损失。

2. IP 地址欺骗

TCP/IP 协议中，IP 地址是网络节点的唯一标识，但是 IP 地址的分配遵守标准规则，每台主机的 IP 地址并不保密。侵入者进行 IP 欺骗攻击时，需要先通过各种方法找到一个受信任主机的 IP 地址，然后修改数据包头，向服务器发送带有伪造 IP 地址的信息，以获得对服务器的非授权访问。

3. 源路由欺骗

在 TCP/IP 协议的 IP 数据包格式中有一个选项是 IP 源路由（IP Source Routing），其是用来指定达到某个通信节点的路由。攻击者获知某个可信节点的 IP 地址后，就可在 IP 数据包中构造一个往返服务器的路由。执行宽松的源路由选择策略的路由器，将会按照其指定的路由来传送应答数据，这样攻击者就可以非法和服务器建立连接。

4. 路由信息协议（RIP）攻击

路由信息协议（Routing Information Protocol）是一种内部网关协议，其实质是基于距离向量算法的分布式路由选择，适用于对校园网或区域网中的路由节点提供一致路由选择。每个 Active 网络节点周期性地发送它的路由信息到邻居 Passive 节点，利用这些路由信息，计算出每个节点到其他节点的最短路由，更新原有路由。RIP 的缺陷在于没有内置的验证机制，RIP 数据包中所提供的信息通常不需检验就被使用。攻击者伪造 RIP 数据包，宣称其主机拥有最快的连接网络外部的路径，所有需要从那个网络发出的数据包都会经该主机转发，这些数据包既可以被检查，也可以被修改。攻击者也可以使用 RIP 来有效地模仿任何主机，从而使得所有应该发送到那台主机的通信都被发送到攻击者的计算机中。

5. ICMP 攻击

ICMP（Internet Control Message Protocol，Internet 控制报文协议），是一种错误侦测与报告机制，用在主机和路由器之间传递出错报告、交换受限等控制信息，当 IP 数据包目的不可达或者无法在当前传输速率下转发数据包时，ICMP 会返回出错报文给发送方，以便纠正错误。通过发送非法的 ICMP 回应信息可以进行路由欺骗。在 ICMP 中没有验证机制，发送大量的 ICMP 报文可以造成服务拒绝的攻击。服务拒绝攻击主要使用 ICMP“时间超出”或“目标地址无法连接”的消息，这两种 ICMP 消息都会导致主机迅速放弃连接。

使用 ICMP ECHO EQUEST 的 IP 碎片攻击被称为死亡之 Ping（Death of Ping），它是通过向攻击主机发送大量的 ICMP ECHO-REQUEST 数据包，导致大量资源被用于 ICMP ECHO REPLY，从而导致受害计算机的系统瘫痪或速度减慢，合法服务请求被拒绝。这是一种简单的攻击方式，因为许多 Ping 应用程序都支持这种操作，并且黑客也不需要掌握很多知识。

6. 端口扫描威胁

TCP/IP 协议中，网络服务通过端口对外提供服务，端口与进程是一一对应的，如果某个进程正在监听等待连接，就会出现与它相对应的端口。客户端在连接这些端口时，TCP/IP 协议不会对这些连接请求进行身份验证，而且会返回应答数据包。入侵者通过扫描端口，便可以判断出目标计算机有哪些通信进程正在等待连接。通过分析这些通信进程的漏洞便可进行下一步的攻击。端口扫描技术包括 TCP CONNEC 扫描、SYN 扫描、FIN 扫描、IP 段扫描、反向 Ident 扫描等。

7. IP 碎片攻击

IP 碎片攻击是常见的网络层 DOS。当 IP 数据包的长度大于数据链路层的 MTU（Maxmium Transmission Unit，最大传输单元）时，需要对 IP 数据包进行分片操作。在 IP 头部有三个字段用于控制 IP 数据包的分片，其中标识（Identification）用来指明分片从属的 IP 数据包；标志（Flag）用来控制是否对 IP 数据包进行分片和该分片是否是最后分片；分片偏移（Fragment Offset）指明该分片在原数据包中的位置。IP 碎片攻击利用了 IP 分片重组中的漏洞；所有 IP 分片长度之和可以大于最大 IP 数据包长度（65535Byte）。通常，TCP/IP 协议接收到正常 IP 分片时，会按照分片的偏移字段的值为该 IP 数据包预留缓冲区。当收到拥有恶意分片偏移字段值的 IP 分片时，TCP/IP 协议则会为该 IP 数据包预留超常缓冲区。如果 TCP/IP 协议接收到大量的恶意 IP 分片，就会导致缓冲区溢出，使主机宕机，合法服务请求被拒绝。

（四）传输层的安全风险

传输层在 OSI 模型中起着关键作用，负责端到端可靠地交换数据传输和数据控制。在传输层使用最广泛的有两种协议：传输控制协议（TCP）和用户数据报协议（UDP）。

1. TCP“SYN”攻击

TCP 是一种基于字节流的、面向连接的、可靠的传输层通信协议。不同主机之间建立一条 TCP 连接，要经过三次握手机制。第一次：主机 A 向主机 B 发出连接请求报文，其首部中的同步比特 SYN=1，ACK=0，同时选择一个序号 x，表明将要传送数据的第一个字节序号是 x。第二次：主机 B 收到连接请求报文后，如同意，则发回确认。在确认报文段中将 SYN=1，ACK=1，确认序号为 x+1，同时也为自己选择一个序号 y。第三次：主机 A 的 TCP 收到此报文后，要向 B 给出确认 ACK=1，其确认序号为 y+1。三次握手后，主机 A 和主机 B 就可以相互进行数据传输。在第二次握手时，主机 B 接到主机 A 的 SYN 请求后要建立一个监听队列保持该连接至少 75 秒，攻击者利用该机制向目标主机发送多个 SYN 请求，但不响应返回的 SYN & ACK，从而致使目标主机的监听队列填满，停止接受新的连接，拒绝服务。

2. Land 攻击

Land 攻击属于拒绝服务攻击类型。该攻击首先构造一个具有相同 IP 源地址、目标地址的 TCPSYN 数据包，接收到该数据包的主机会向自己发送 SYN-ACK 消息，循环往复，消耗大量的系统资源，或者由于创建了过多的空连接，导致超时拒绝服务。

3. TCP 会话劫持

会话劫持结合使用嗅探和欺骗等多种手段，利用 TCP 的工作原理实施攻击。TCP 用源 IP、端口和目的 IP、端口作为建立连接的唯一标识，在 TCP 数据报文的首部中有两个字段对实施会话劫持极为重要：序号 (seq) 和确认序号 (ackseq)。序号 (seq) 指出本次发送报文中的数据在所要传送的整个数据流中的顺序号；确认序号 (ackseq) 指出本次发送方主机希望接收到对方下一个八位组数据的顺序号。两者之间的关系是 seq 值应为收到对方报文中的 ackseq 值，ackseq 值则等于 seq 值加上要发送的数据净荷长度。

攻击者以嗅探技术获得网络中活动 TCP 会话报文，分析通信双方的源 IP、目的 IP 和相应端口，并得知其中一台主机对接收下一个 TCP 报文中 seq 值和 ackseq 值的要求。攻击者发送一个带有净荷的 TCP 报文给目标主机，该报文会改变目标主机的 ack 值和 seq 值，认可攻击者并拒绝合法主机的通信。这种攻击能避开目标主机对访问者的安全身份认证，使攻击者直接进入授信访问状态，构成严重的安全威胁。

4. UDP 淹没攻击

用户数据包协议 UDP（User Datagram Protocol）是一种面向事务的、无连接的、不可靠的传输协议，通信过程中不需要在源端和终端之间建立连接，吞吐量只受通信双方应用程序生成数据的速度、传输带宽和主机性能的限制，不需要维持连接，开销小，可同时与多个客户机传输信息。攻击者随机向一台通信主机的端口发送 UDP 数据包，受害主机接收到 UDP 包后，会寻找目的端口等待的应用程序，应用程序不存在，就会返回一个目的无法连接的 ICMP 数据包给伪装的源地址。当端口接收到足够多的源地址不存在的 UDP 数据包时，就会因消耗过多的系统资源而导致瘫痪。

5. 端口扫描攻击

TCP 或 UDP 端口是计算机的通信通道，也是潜在的入侵通道。端口扫描的实质是探测，方法是针对一台通信主机的每个端口发送信息，通过分析返回的信息类型来判断该主机是否使用了某个端口的通信服务，然后通过测试这些服务发现漏洞进而入侵。

（五）操作系统的安全风险

绝大部分操作系统存在安全脆弱性。目前通用的 Windows、UNIX、Linux 以及其他商用操作系统，在前期设计和后期软件代码的大规模开发过程中不可避免地存在一些缺陷，使得操作系统本身存在很多安全漏洞，非常容易被攻击。

1.UNIX 操作系统

UNIX 是一个多用户、多任务、分时的操作系统。由于其稳定性和安全性，在服务器操作系统中被广泛应用，但也存在很多安全隐患。UNIX 创始人之一 Dennis Ritchie 在《论 UNIX 安全性》一文中说，由于他们在开发时没有考虑安全问题，所以 UNIX 中不可避免地存在很多安全漏洞。最根本的一点就是访问控制的处理粗糙而不灵活；超级权限的设计也违背了“最小权限”原则。类似 ARP 问题、GUN in.fingerd 问题、mountd 问题、Eject 问题和溢出问题等可以通过升级版本、安装补丁、关闭文件可执行权限等来解决，但有些问题仍然存在，如 OS fdformat 溢出问题、lotus Domino Server ESMTP 缓冲区溢出等。当系统被错误地设置，或包含有问题的软件时，安全机制也不能有效地发挥作用。

2.Linux 操作系统

Linux 是 UNIX 系统的变种，其基于开放源码和社区开发的背景，促使其得到很快的发展。由于 Linux 的源代码完全公开，任何人都可通过阅读源代码来寻找系统漏洞，也可以自己动手改写内核来进行修补，漏洞暴露得很充分，改进也很彻底。同样地，它也存在着口令问题、SETUID 问题、引导问题、特洛伊木马问题等，也面临着安全隐患缓冲区溢出、Sscan 扫描工具、拒绝服务性攻击等问题，很多病毒轻易修改了系统中某些文件内容并实施破坏。这些安全隐患可以通过一些措施进行优化。

3.Windows 操作系统

Windows 操作系统作为一种优秀的操作系统，便于部署、管理和应用，其因具有安全的基础结构，以及可靠性、可用性、可伸缩性的特点而被广泛地应用于各行各业。其本身的安全性并不逊于 Linux 和 UNIX，只是由于其应用范围广，所以成为病毒攻击的主要目标。操作系统本身的漏洞、应用软件的漏洞、配置与使用不合理，使 Windows 操作系统的安全性受到威胁，最好的办法是下载相关补丁进行升级。系统本身的配置不合理也是导致安全危险产生的原因，具体表现为开放多余的服务、设置完全共享的目录、设置弱口令、不合理的访问控制、没有安装防病毒软件等。

除操作系统自身设计和开发的缺陷外，导致脆弱性的其他主要因素如下。

（1）病毒木马。其是针对操作系统体系结构而设计的代码程序，存在于各操作系统平台中，隐蔽性强、复制传播速度快、危害极大，通常利用网络、存储介质等传播途径感染用户计算机。

（2）配置不当。用户的计算机应用水平不高，安全意识不强，没有采用正确的配置手段，从而导致系统产生安全隐患，如用户弱口令、没有设置管理员口令、未禁用和删除不必要的账号、资源共享的访问权限不合理、没有安装最新的补丁和升级程序。

（3）系统服务。操作系统在运行时会开启很多系统服务，面向应用程序和用户提供功能接口，有些是系统正常运行必需的，而有些则是不必需的。不必需或有漏洞的服务不但会占用系统资源，降低系统运行性能，而且会给系统带来更多的安全威胁。很多用户不知道自己的操作系统运行了哪些网络上可以访问的服务，容易被入侵者利用，因此，应尽量关闭不必需的网络服务。

（六）业务应用的安全风险

如今，基于网络的各种应用越来越多，诸如病毒、间谍软件、DDoS 攻击、端口攻击、SQL 注入、Web 漏洞、跨站脚本、网络钓鱼、带宽滥用等形式的安全威胁飞速增长，从而造成了信息风险、网络服务瘫痪甚至财产损失。很多在主机系统上运行的应用软件系统采购自第三方，在部署之前往往只执行了功能测试，而没有进行全面标准的安全评估，部署时也往往没有进行安全加固，从而导致各个应用系统安全水平不一，漏洞不可避免，容易遭受黑客攻击，造成诸多安全问题。

为满足教学、办公、科研需要，在校园网中提供了很多网络应用，如信息发布、文件传输、办公自动化、电子邮件、教务管理、财务管理、图书管理，而这些基于业务的应用系统存在很多信息安全隐患。

1. 身份认证

操作系统和业务应用系统为了保证安全，均采取了身份认证措施，要求用户在登录时使用静态口令。如 Windows 的用户采用 NTLM、Kerberros TLS 认证协议，账号保存在注册表中，密码处理隐藏在系统文件中，用户不可见。LINUX 账号保存在文本 etc、passwd 中，密码域以 x 代替，采用建立新进程系统调用的方法，密码处理采用 shadow 技术加密，仅有 Root 可见加密后的密码。这些机制各有特点，但是仍然不能防止入侵者利用网络窃听、非法数据库访问、穷举攻击、重放攻击等手段获得口令(甚至采用社会工程学入侵)。如果入侵者操作成功,将会对学校产生不良的后果。

2. Web 服务

Web 服务是学校用于对外宣传、开展网络远程教学的重要手段,应用极其普遍,因而使得 Web 服务经常成为非法攻击的首选目标。其存在的安全隐患较多,网页代码本身就存在后门和一些缺陷,如 IIS 漏洞、ASP 的上传漏洞、SQL 注入、缓冲区溢出。为了办公方便,学校在对外发布信息的 Web 服务器上通常都设置了外部用户访问学校内部办公系统的连接通道,从而使得 Web 服务器可以通过中间件或数据库连接部件访问业务管理的服务器系统和数据库,还可利用网页脚本访问本地文件系统或网络系统中的其他资源。入侵造成的危害主要有非法篡改网站主页、更改管理系统中的数据、因受 DOS/DDoS 攻击而迫使 Web 服务停止、利用攻陷的 Web 服务器作为跳板进而对网络上的其他主机开展攻击,或入侵内部应用系统等。

3. 电子邮件系统

学校的电子邮件应用作为信息传递工具,在行政办公、教学过程中发挥了重要作用。电子邮件系统是开放系统,如果没有相应的安全措施,将会接收到大量来历不明的垃圾邮件,以及包含各种恶意代码的木马病毒邮件,这不仅影响正常工作,还会危及用户的计算机系统和数据。一些涉及敏感内容的信息和资料也会利用邮件系统传播。用户认证口令和邮件内容以明文方式进行传输,因而容易导致办公信息和个人隐私的泄密。邮件系统使用了多种邮件通信协议,如 POP3、POPS、SMTP、SMTPS、HTTP、HTTPS、IMAP4、IMAPS,面临着来自外部网络多种形式的攻击。

4. 数据库

数据库是信息系统的核心部件,校园网内的业务应用都依赖各自数据库系统提供服务,因而保证数据的安全和完整至关重要。数据库应用是个复杂的系统,许多数据库服务器都具有多项安全策略,如用户账号及密码、校验系统、优先级模型、操作数据库和表格的特别许可、补丁和服务包。非专业数据库管理人员很难对其进行详尽且正确的配置与安全维护。执行不良的口令政策(使用默认口令或弱口令)会轻易地让攻击者获得操作数据库的权限;关系型数据库都是可从端口寻址的,有合适的查询工具就可建立与数据库的连接,如通过 TCP 1521 和 1526 端口就可访问 Oracle 数据库;攻击者使用 SQL 注入或交叉站点脚本等技术手段就能侵入一个设计软弱的数据库系统;有的数据库在出现错误时会采取不适当的处理方式,因显示了错误的信息而泄漏了数据库结构。

5. 网络资源共享

网络内部用户之间经常会用到网络资源共享以方便工作，但由于用户安全意识淡薄或者计算机应用水平有限，而没有对共享的网络资源设置必要的访问控制策略，从而使硬盘中的重要数据信息暴露在网络中，被窃取并传播泄密。

（七）管理的安全风险

APPDRR 模型中安全管理的理念贯穿各个层次，对一个比较庞大和复杂的校园网络来说更需要加强安全管理。管理上没有相应制度约束，所带来的风险主要有下以几种。

（1）安全意识不强，内部管理人员或员工把内部网络结构、系统的一些重要信息传播给外人而造成信息泄漏。

（2）口令和密钥管理风险，管理员用户名及口令被外人窃取。

（3）机房管理制度不严，使入侵者能够接近重要设备。

（3）网络内部用户，了解网络配置机制，熟知网络内部提供的业务应用服务，在约束缺失的情况下，利用网络和系统的弱点，实施入侵、修改、删除数据等非法行为。

（4）审计不力或无审计，当网络出现攻击行为或网络受到其他一些安全威胁时，没有相应的检测、监控、报告与预警机制。而且，当事件发生后，不能提供任何日志记录，无法追踪线索及弥补缺陷，缺乏对网络的可控性与可审查性。

二、网络安全技术在校园网中的应用

（一）局域网设置

校园网大多是局域网，在实际应用网络安全技术设置校园网时，首先应结合校园网本身具备的局域网特点来进行，以确保校园网能够稳定、安全地运行。为了维护和保证校园网的安全，可以通过搭建良好稳定的网络拓扑结构来实现。网络中存在着很多相互连接的站点，这些站点使用的连接形式就是网络拓扑结构，在校园网络中，主干网络和子网络构成了其网络结构，在传递网络信息时，信息会流动传递在各个站点之间，为了确保校园网能安全运行，选择良好可靠的拓扑结构对校园网络的设置非常重要且必要。目前，环形拓扑、星形拓扑以及树形拓扑等是比较常见的网络拓扑结构。在开始设置校园网络时，应结合该校用网的具体需求来选择网络拓扑结构，设置时应确保各个站点能够稳定传输信息数据，还能利用拓扑结构尽可能优化校园网络，尽可能使不安全因素对校园网络的威胁降低。此外，还应合理划分校园网的 VLAN。VLAN 也叫虚拟局域网，在划分校园网 VLAN 时，应对其逻辑上的部分、设备用户、设备功能等信息多加关注，进而全面保障校园网的安全。校园网的管理主要依靠服务器实现，在划分功能时，在 VLAN 中放置主服务器，有利于更好地实施维护和用户管理，还能尽量减小可能存在的各种网络安全隐患。

（二）防火墙

应用防火墙技术，能够在最大限度上为校园网的安全提供保障。防火墙也叫防护墙，是一种常见的网络安全应用技术。防火墙技术可以为计算机建立一道强大的屏障，以抵挡大量来自外部的非法入侵，维护计算机网络环境和运行的安全。将防火墙技术应用在校园网的设置中，能够使校园网获得一层强大的保护屏障。在设置校园网络防火墙时，应对网络安全需求及该校的实际情况做出全面、细致的考虑，再选择应用等级合适的防火墙技术。利用防火墙技术可以设置验证端口、过滤装置、访问权限以及应用网关等，过滤网络信息，防护校园网络，维护校园网站的稳定和安全。

（三）VPN

VPN 是简写的虚拟专用网络。在外部互联网与校园局域网互相连接时，VPN 为其提供了重要途径，因此，通过科学设置 VPN 服务器，可以对校园网的安全形成有效的保障。在 VPN 的限制下，校园网用户要想访问特定网络信息，必须要通过服务器验证，这样的设置对校园网用户的安全提供了十分有力的保障。另外，通过使用 VPN 技术，还可以加密处理校园网数据，当数据经加密后再通过互联网的各种渠道进行传播时，只有获得特别授权的用户才可以真正做到访问信息获取数据，在 VPN 技术的加持下，信息数据的安全得到了进一步保障。在校园网的建设中加入 VPN 技术，应注意协议设置是否合理，并结合学校的具体需求和实际情况选择适当的通讯方式。大多数学校选择在不安装相应的客户端设备的情况下应用 VPN 技术，这样可以节省一定的网络安全成本，有助于更好地保障校园网用户的信息安全。

（四）入侵检测

外来入侵者是校园网安全所面临的一种主要威胁，为了加强管控校园网络的安全，加强检测校园网是否被外来入侵非常有必要。在对校园网实施入侵检测时，应先结合校园网的实际情况分析预设入侵对象的标准，并使用可靠的入侵检测软件检测校园网。入侵检测技术主要有检测、响应、供给预测、威慑、损失评估等作用，能够对计算机进行检测，搜索其中的入侵信息并发出警报。利用入侵检测技术检测校园网，能够实现全面监控校园网的运行情况，监测网络系统，找出系统漏洞，进而使校园网络系统的安全性有效提高。

（五）加强日常维护

除了使用入侵检测技术有效维护校园网的安全之外，还可以通过加强日常维护来实现。从工作性质看，日常维护与对校园网进行的入侵检测比较相似，二者相比，前者更具日常性。通过对校园网进行日常维护，可以分析校园网的网络结构和监测其运行状况，了解网络内部的实际情况。当校园网内部产生某种错误或漏洞时，就可以及时打补丁对网络进行修复，使其系统不断被完善、被优化，进而使网络的安全性得以提高。对校园网的安全来说，进行日常维护非常重要，因此，校园网络管理人员应不断升级和优化维护程序与维护软件，并不断强化自身在校园网络安全方面的管理能力。

（六）数据备份与恢复

数据备份与恢复功能能够有效保证校园网信息数据的完整和安全，对校园网来说至关重要，能够在最大限度上减少因网络事故导致的数据损失。校园网一旦发生网络安全事件，直接受损的就是校园内储存的各种数据和信息，为了降低数据的损失，保证数据和信息不被外来因素篡改，使用数据备份和恢复技术十分重要。学校内的网络管理人员需要注意定期对数据库中的各种数据进行备份，并将备份储存好，建立数据库索引，以方便在日后对数据库进行数据恢复时能够根据索引快速完成数据恢复，提高工作效率。数据备份与恢复为校园网安全提供了保障，有利于推动校园网络安全建设。

第二节　网络安全技术在手机银行系统中的应用

一、手机银行系统安全架构

手机银行系统安全架构模型的建立主要考虑以下三个方面的指标。

（一）安全

网络的安全问题是首要问题。其安全性主要体现在以下三个方面：

（1）能有效地抵御来自外部（Internet）、内部（Intranet）和中间部分

（Business Partner）的入侵；根据网络的安全级别进行一定的划分，组成不同的区域。

（2）从入侵的角度考虑，当网络被入侵时，应使入侵者不容易抵达核心区域。

（3）网络的安全通过防火墙的安全策略实现，但网络的安全不应只依靠防火墙实现，还应辅以其他手段，如管理制度、安全检测工具、增强系统自身安全性。

（二）性能

性能是构建网络的重要考虑因素之一，缓慢的网络只会给到访者留下不好的印象。性能主要包括以下几方面。

（1）网络性能：网络往往容易成为系统的瓶颈，提高网络速度和带宽是提高网络性能最简单有效的方法。

（2）服务器性能：只要机器还可以用，用户就会忽略服务器硬件的升级，过时的机器往往对用户的性能要求显得不胜负荷。

（3）服务性能：服务器的性能只能反映机器的性能，如硬盘容量、硬盘IO 容量、CPU 速率，它只是服务的载体；服务的性能同样影响着系统整体的性能，其主要取决于服务软件的选取；不同的软件在吞吐量、最大连接数、响应时间等方面可能存在较大的差别。

（三）可靠

有了安全、性能良好的网络，还需要有可靠的保证。

（1）可靠的网络：在网络中，很有可能存在着单点故障，而有效地减少单点故障，是提高网络可靠性的重要保证。

（2）可靠的服务器：服务器的可靠性表现在是否有冗余的模块，是否可以实现模块热更换等。

（3）可靠的服务：通过实现服务的负载分担，不但可以提高服务的容量，还可以在部分服务失效时，保持整个服务有效。

二、手机银行架构的安全防护

整个网银系统按照不同的业务功能和安全等级使防火墙划分为不同的区域，其主要包括公网接入区、DMZ 区域、网银系统认证区域、核心业务网络区域。

公网接入区是指用户在使用网络时的环境区域。DMZ 区域指第一道防火墙和第二道防火墙之间的部分，主要放置需要对外提供服务的服务器。作为网银系统核心的业务系统，网银系统认证区域主要由应用服务器、数据库服务器、签名验签服务器、动态密码服务器、短信服务器等组成。核心业务网络区域是指核心业务及中间业务平台等中后台区域。

（一）区域划分安全分析

1. 公网接入区

公网接入区不是用户自主的区域，该区域通过专线接入用户的边缘路由器，而边缘路由器通过 DDoS 防护设备和负载均衡设备，再与外层防火墙连接。这一区域是防范外部入侵的第一道防线，配置上应格外小心。

边缘路由器和防火墙之间有一个网络地址，而这一地址在使用上是有要求的。如果使用因特网的私有地址，就可以阻止一些侵害，如阻止从因特网直接访问到路由器的对内网络，或者是防火墙的对外网口。

对两条介入的公网链路，在负载均衡设备上对其进行链路负载均衡，这样既保证了接入带宽的充分应用，又保证了单条链路故障不影响系统服务。DDoS 的设备部署，可有效适应接入链路的攻击防护需要，有效屏蔽针对后部设备的攻击流量。

在防火墙的安全规则中应禁止来自前端设备各端口对内、外层防火墙各端口的访问，万一前端设备被攻破，那该规则可以防止来自边缘路由器的攻击。

2.DMZ 服务区

该区域是整个网络拓扑对外服务的核心部分，拥有较高的安全级别，经过多层数据封装后传输至 App 应用层对数据进行验签及解密，在确保数据的准确性后提交 App 进行处理。外部用户的主要服务器一般放置在该区域，包括 Web 服务器和 SSL 服务器。

由于外层防火墙和内层防火墙未直接连接，所以若外层防火墙被入侵，入侵者仍无法直接攻击内层防火墙；在该区域内放置入侵检测系统的探头，可及时发现病毒和防止黑客攻击。

Web 服务器在处理请求时可以通过两个渠道进行：行内业务和手机支付业务。行内业务是指 Web 服务器将处理请求提交到 App 服务器之后，App 服务器再进行相应逻辑处理并返回结果；对于手机支付业务，Web 服务器将业务请求提交到电银的增值业务服务器，增值业务服务器对其进行相应处理，处理好的数据被返回给 Web 服务器之后，一次业务操作的处理就算完成了。Web 服务器与 App 服务器之间需要进行请求，而这一过程必须通过内网进行，并且处于不同区域，App 服务器与增值业务服务器之间的网络连接是通过专线接入增值服务商机房的，中间不经过外部路由，这样就使数据传输的安全性得到提高；也可以通过 Web 进行转发增值业务服务与 App 服务之间的业务提交，但无论哪种方式都需要对数据进行 RSA 加密，以保证数据传输过程中的数据安全。

3. 应用服务区

该区域部署应用服务器（App）和数据库服务器，手机银行应用服务器通过内部防火墙的 inside 口，实现到内部网及后台核心业务系统的通信，串联银行核心系统中的各个模块，形成相应的业务流程，对外提供访问接口；并在这些业务流程的基础上，实现事务管理、用户管理和日志记录等功能，同时与 Web 服务区的服务器以及本区域的业务数据库服务器进行通信；提供从内部网银 App 的管理平台到 Web 服务区的服务器的 FTP 推送。在该区域内可以放置入侵检测系统的探头，及时发现病毒和防止黑客攻击。

4. 后台服务区

该区域是用户的内部网络，网银内部管理柜员从此网段访问内部管理系统。

（二）逻辑关系划分安全分析

手机客户端中各模块间的逻辑关系如图 7–1 所示。

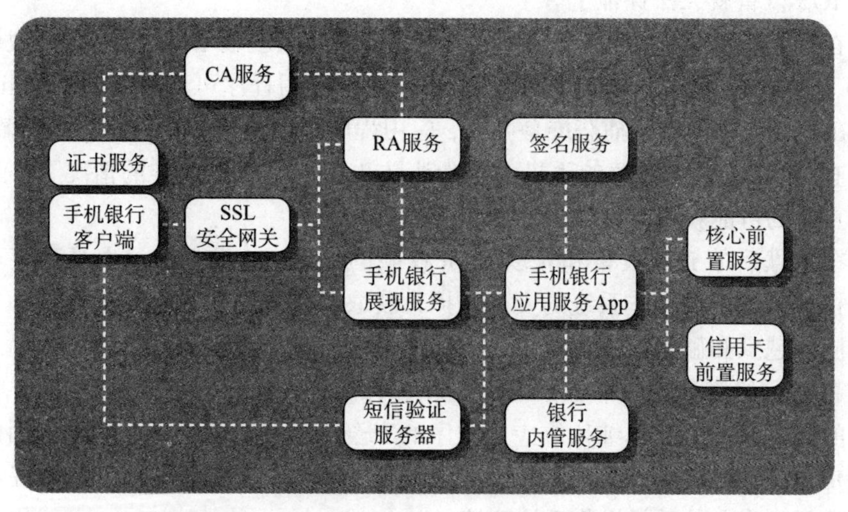

图 7–1 手机客户端中各模块间的逻辑关系图

终端客户对展现服务进行访问时，先由 SSL 提供握手协议，然后对通信双方进行身份认证以及交换加密密钥等处理，以确保数据发送到正确的客户终端和服务器，维护数据的完整性和安全性。在展现服务与App进行通信前，由加密平台负责对数据进行转加密，cfca对数据进行证书签名，在进行多层数据封装后传输至App应用层，在应用层先由验签服务器对数据进行验签及解密，在确保数据的准确性后提交App进行处理。

手机银行应用服务（App）负责提供业务数据给手机渠道展现服务，展现服务负责组织展现页面提供给手机终端。按照银行需要在手机渠道上提供的业务种类，在手机银行应用服务上定义不同业务的业务代码，然后按照业务流程进行相关的核心系统调用，以及日志记录和数据存储，并对这些流程进行事务管理。

三、手机银行系统客户端应用进程的安全防护

（一）越狱设备检测

采用自定义的图形键盘虽然能够防止键盘监听，但是木马程序依然可以通过屏幕截屏的方式获取用户输入内容，经过研究确定截屏的风险主要集中在越狱和破解手机上。

在iOS系统上，未越狱的设备不存在屏幕截屏的风险，因为应用程序运行时必须由用户触动截屏按键才能截屏，而无法由木马程序自行控制，但是越狱后的iOS设备就无法保证了。

在Android系统上，2.3.3系统以前的版本必须获取Root权限才能截屏，2.3.3以后的系统则开放了截屏的API，第三方应用程序可通过Surface Flinger API在帧缓冲区中直接捕获屏幕画面，应用程序可以对窗体设置禁止此类截屏，但是在Root权限被破解的手机上就无法防止截屏了。在这样的情况下，显得比较重要的可能就是越狱设备检测了。

在越狱后的iOS设备和获取Root权限的Android设备上，木马程序可以很轻松地绕过手机操作系统的安全防护，获取操作系统底层API的支持，并且在不同的越狱和破解过程中可能本身就会在破解后的操作系统中植入木马。因此，越狱后的iOS设备和破解Root权限后的Android设备是不安全的，在不安全的操作系统上，单纯依靠应用程序的安全策略是无法保障安全的。因此，当用户设备越狱或者破解Root权限后，在客户端程序安装或运行时会提示客户正处于不安全的手机操作系统环境。

要做好越狱检测，就要使用底层的C语言函数，且用于越狱检测的特征字符要做混淆处理，检测函数名也做混淆处理，具体方法如下。

（1）使用 stat（ ），检查以下常见的越狱文件是否存在：

/Library/MobileSubstrate/MobileSubstrate.dylib 最重要的越狱文件，几乎所有的越狱机都会安装 Mobile Substrate

/Applications/Cydia.app//var/1ib/cydia/ 绝大多数越狱机都会安装

/var/cache/apt/var/1ib/apt/etc/apt

/bin/bash/bin/sh

/usr/sbin/sshd/usr/l1ibexec/ssh-keysign/etc/ssh/sshd_config

（2）使用 lstat（ ），检查以下特定文件是否为符号链接文件：

/Applications

/Library/Rin}tones

/Library/Wallpaper

/usr/include

/usr/libexec

/usr/share

（3）使用 _dyld_ image_count 与 _dyld_get_image_name，检查是否包含越狱插件的 dylib 文件。

（二）客户端反劫持设计

客户端反劫持设计目前仅在 Android 系统中出现。Android 为了提高用户的用户体验，对不同的应用程序之间的切换，基本上是无缝的。他们切换的只是一个 Activity，让切换的在前台显示，另一个应用则被覆盖到后台，可见，Activity 的作用就好比一个人机交互所呈现出来的界面。而 Activity 的调度是交由 Android 系统中的 AMS 管理的。AMS 即 Activity Manager Service（Activity 管理服务），各个应用想启动或停止一个进程，都是先报告给 AMS。停止或者启动 Activity 的命令传到 AMS 时，它首先会更新内部记录，更新完毕之后，对应的程序就会对指定的 Activity 执行停止或者启动的操作。如果一个新的 Activity 被启动时，那么前面正在运行的 Activity 就会被停止，启动和停止的 Activity 都会保留在 Activity 栈中，这个栈是系统用来记录 Activity 的历史栈。启动的 Activity 就会显示在手机上并且进入 Activity 历史栈栈顶。当有 Backspace 键入时，系统的操作是弹出栈顶的 Activity，此时前面运行的 Activity 就会被恢复，当前的 Activity 就是栈顶。

如果在启动一个 Activity 时，给它加入一个标志 FLAG_ACTIVITY_NEW_TASK，就能使它置于栈顶并立马呈现给用户。但是这样的设计有一个缺陷，即程序可以枚举当前运行的进程而不需要声明其他权限，这样我们就可以写一个程序，启动一个后台的服务，这个服务不断地扫描当前运行的进程，当发现目标进程启动时，则使用 FLAG_ACTIVITY_NEW_TASK 启动自己的钓鱼界面，而正常应用的界面则隐藏在钓鱼界面的后面。用户可以从表示登录界面的 Activity 中获得自己的账号和密码。

由于这是 Android 系统的漏洞，在应用程序中很难去防止这种界面支持，所以设计以下方案。

仍旧利用“Android 系统中的程序可以枚举当前运行的进程而不需要声明任何权限”这个漏洞，手机银行本身也进行进程监听，当自身被切到后台运行时，就给出响应的通知，向系统发送一个 notification，并在状态栏中显示。借此使用者可以判断此次 Activity 切换是否是正常行为。

为防止其他程序（病毒）恶意收集用户的信息（特别是敏感信息），可对手机银行客户端实行“清场”的原则进行设计，其具体设计原则如下。

程序退出前，将应用程序中的内存进行置 0，如 session、密钥、手机号等手动进行置 0 操作，然后再退出，从而保证程序结束后，内存中不再存在与用户相关的数据。业务设计中不设计缓存密码、账号、cvv2 等敏感信息。系统会立即清除使用过的密码，不会保存在内存中，因为密码是相对而言比较敏感的信息。

（三）防止软件篡改——客户端自校验

自校验的目的是防止程序被恶意病毒篡改，或者被别有用心的人对原有程序稍做修改后重新打包上传分发给他人使用。

由于修改后的应用程序与原有的应用程序在内容与大小上已不一样，因此我们只要比对应用程序的 Hash 值就可以知道用户使用的程序是否是我们发布的程序，其设计流程如下。

（1）当有新发布的 App 客户端时，服务器就会记录下它的版本号和 Hash 值。其中 Hash 值根据随机秘钥（校验码）的产生定期更换。

（2）客户端启动时，发送校验请求。

（3）校验服务器生成校验码回送给客户端。

（4）客户端根据校验码、版本号生成校验信息，并通过加密信道回执给校验服务器进行校验。

（5）服务器取出对应版本 App 的 Hash 值与客户端上传的 Hash 值进行比对，若一致，表明是正确的；若不一致，则表明应用程序被篡改过，提示用户并终止运行，服务器清除 Session，终止客户端的后续请求。

（四）对客户端系统进行病毒检测

在第一次安装运行时或者每次启动时，检测系统是否有恶意病毒，若检测到有，则提示给用户，其实现方案如下。

在服务器上建立简单的病毒数据库，即记录我们知道的每一个病毒的 Hash 值。病毒数据库会在手机银行客户端启动时进行下载或者更新。

客户端在进行病毒检测时，枚举当前系统的每一个应用并获取该 Hash 值，然后与病毒数据库进行比对，若出现相等的 Hash 值，则表明此应用为病毒。此时手机就会给用户发送提醒消息，提示此时手机中有病毒，手机银行的各种操作将会被终止。

第三节　网络安全技术在养老保险审计系统中的应用

一、养老保险审计系统需求分析

（一）养老保险业务流程分析

参与了养老保险的员工及个体劳动者，其养老保险金额需要经过收缴、保管、资金储备、调剂等流程，同时退休人员定期领取养老金也是养老保险业务的一个重要职能。养老保险基金的收取与其他的险种一致，首先需要对用户的信息进行采集，然后对信息进行储存，再来分析相关的金额发放标准，最后监督和预测基金的储备运用状况。整个业务流程具有现代化的特点，并且由于系统包括外网公众服务用户、内部用户等多种类型的业务用户，因此在用户认证方面有较高的要求，以此来防范多用户带来的潜在安全风险。

养老保险业务的处理主要包括养老金申报、缴费审查、费用收缴、账户信息录入、待遇审查、金额发放等方面。上述的业务流程对应的业务科室关系如图 7–2 所示。

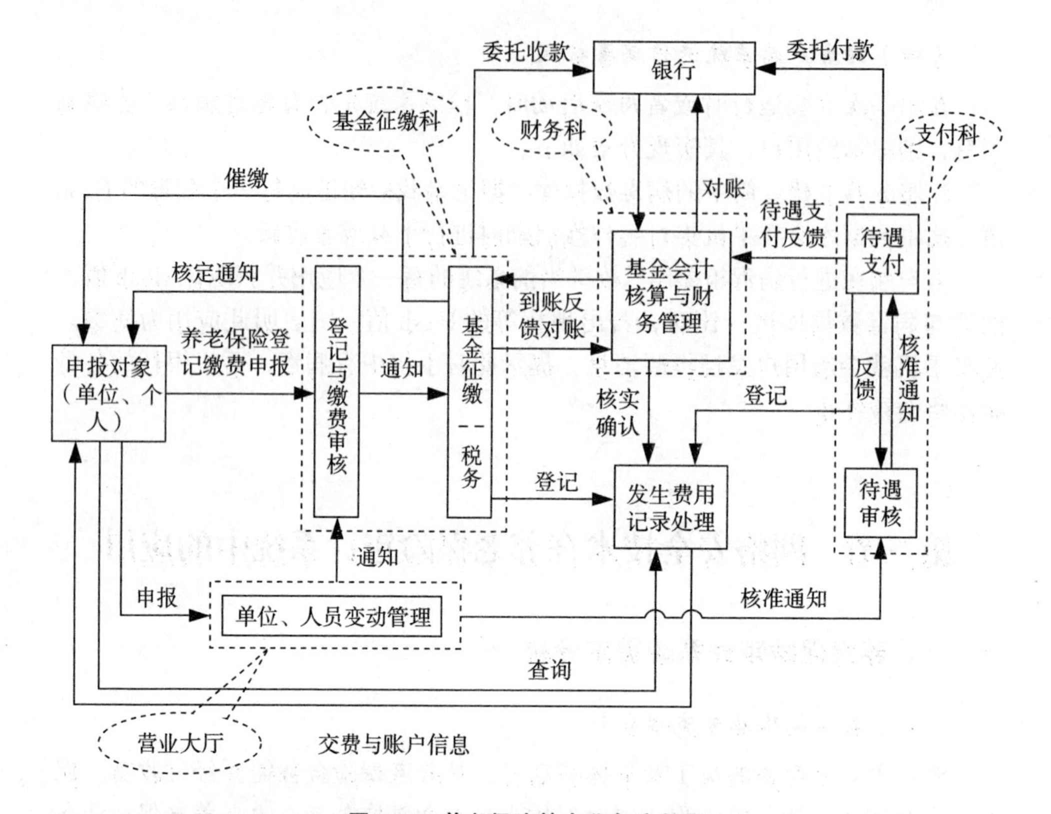

图 7-2　养老保险基本业务流程图

（二）功能需求分析

养老保险的系统中首先需要保证对养老金的收集、支付以及资金管理，系统必须确保养老保险金额运行的安全，同时确保参保人员能够按时领取养老保险金，下面进行详细的介绍。

1. 账户管理

（1）首先是对参保人员进行信息登记，建立基础信息表格，对应填写基本信息，制定好不同类别的参保人员的信息设立标准。

（2）缴费的标准规定。单位职工缴费必须按照每月足额缴费，而个人账户则应该由单位缴纳后的数额计算后建立养老保险的业务分账。

（3）系统在收集了不同类别参保人员的基本金额后，要将基本的资金数据往来信息填写到不同的账户信息表中。

（4）按照参保人员提供的支付环节的信息资料对个人账户的资金支付情况进行记录。

（5）按照不同的职工养老保险金额的标准对参保人员的养老金利息及时进行调整。

2. 信息变动

（1）参与保险人员信息变化：参保人员在进行初次参保时要进行信息登记，同时如果需要，还要对信息进行修改、注销、冻结等一系列操作。参保人员的信息录入系统后还需要在相关的本地单位进行信息表打印，缴费单位也需要对每个不同的参保对象的缴费金额进行审核，录入每个人的缴费状况。

（2）参保人员情况变化：每个参保人员的信息必须保证是独一无二的，不能出现重复的参保人员。个体参保人员的工作情况发生变化后，需要对他们的信息进行及时的更新，当参保人员从待业的情况转变为在职职工后，也需要及时地更新参保金额。个体工商人员转变为在职职工时也需要重新进行参保信息登记。对一些曾经中途未交费的人员，可以进行资金的冻结，同时对一些账号进行解冻的操作。当参保人员达到退休年龄后，要及时进行信息和账户的更新，以及金额的返还和退账。

3. 基金征缴

（1）不同的单位缴纳的养老保险金额不尽相同，因此，要按照不同的标准进行养老保险金额的扣除，同时再根据子系统的接口在地方的税务直接进行税收支出。

（2）缴费单位的缴费手续需要直接到社保的办理机构进行缴纳，同时完成相关的养老保险费率的缴纳手续。

（3）养老保险拖欠缴纳的单位，中心机构要及时发放“养老保险催缴通知书”，督促未缴费的用户尽快缴纳相应的保险费用。

（4）部门参保人员的账户欠费或者中断后要进行补缴。

（5）每月月底要进行缴费情况的统计分析，同时对养老保险金额进行金额的资料统计。

4. 待遇发放

（1）首先要对参保人员的信息进行审核，确认参保人员应该享受的待遇和金额数目，编写相关参保人员的花名册和账目表。

（2）对不同的参保人员的退休和资金待遇发放的方式以及时间有着不同的规定。

（3）参保人员的金额可以通过银行账户划定或者通过邮寄的方式进行发放。

（三）性能需求分析

社保的联网审计系统可以通过对社保业务信息进行集约化处理，同时确保社保业务能够全方位和全过程地被监控。养老保险审计系统首先要按照审计厅的要求进行系统搭建，进行集中的系统数据处理，然后利用计算机和互联网技术，将审计部门的社保数据库完善，最后对社保部门的数据库进行实时的数据采集，以确保数据的安全和准确，将审计系统传统的人工方式和目前的现代化系统进行结合，最终形成高效的信息系统。该系统有以下几个特点。

1. 高效性

系统采用了目前最为先进的开发技术，因此系统能够较为高效地处理大批量的数据，同时保证社保局内部能够对数据进行集中的处理。由于我国人口众多，而参保人员的数目也十分庞大。因此，系统首先要具备高容量的存储能力，其次就是网络信息的连接也必须能够高效地进行数据的传递，实现系统内部信息的集中分布和审计的信息存储以及审核能力，为审计人员提供一个良好的审批环境。

2. 标准性

根据国际上的标准化组织认证，首先必须要在业务功能需求被满足后才能进行其他的功能设置，因此，系统中的各个编码都采取了国际认证的标准，同时按照统一的身份、资源以及界面的制定规则，使整个系统的设计都偏向于标准化设定。

3. 先进性

本系统的设计框架、工具技术以及搭建的平台都选择了目前最为先进的工具。首先在平台的搭建上，要采取目前建设比较成熟完善的平台。在技术方面则是要根据系统的特性选取最适合的技术。在面向对象时，要能够进行对象的分析、模块的设计以及架构的设计，以提高整个系统的水平，不光要让用户具有较高的体验感，同时还要便于维修人员维修，确保系统的稳定性和流畅性。

4. 扩展性

系统的搭建采用的是积木式的搭建形式，也就是在不同的功能分区都留出对应的接口，让数据能够在不同的组织之间进行流畅的迁移。另外，由于养老保险制度的变化很快，会经常需要对系统进行组织的方法更新，因此，要具有可扩展性。

5. 开放性

开发性指的是系统的开发架构、技术平台等工具都必须采用具备良好开放性的产品，要符合这个需求，要从不同的数据库中找到并且采集不同的数据，提供不同的接口进行数据的传送，同时还要在多个不同种类的业务系统中建立一个共用的、开放的软件系统。

6. 可维护性

系统的设计不光是要进行顺畅的使用，同时还要确保系统出现问题后便于进行维护。首先，系统的机构和分层设置必须要保证数据和服务器的划分；其次，要在开放性的平台上进行系统的搭建；最后，要利用不同的封装系统，进行规范化的处理。

7. 安全可靠性

基于审计和个人信息的特殊性，该系统在网络上运行时必须要保证所有的数据和信息都具备一定的可靠性。同时，系统运行时也要保证稳定性。

8. 普遍性

由于该软件的适用范围和推广范围比较广，不同的省份都需要用到该软件，因此，系统必须能够定期地进行升级和更新以适应不同的情况。

（四）安全技术需求分析

安全技术需求的具体分析主要有以下三点。

1. 安全邮件

网络安全技术日常最重要的引用就是邮件的收发。所谓安全邮件，是指为客户提供安全身份认证和机密性的服务。通常采取对邮件加密的形式以满足客户网络安全的需要。系统主要针对邮件中的信息尤其是图像等不被他人窃取的问题进行开发，并通过安全邮件实现系统安全性。

2. 防火墙

从本质上而言，防火墙作为安全系统中的隔离技术，被用作网络中的壁垒，对可能存在的破坏因素入侵能够做到有效预防。防火墙能够按照现有网络安全形势，将内网的重要信息对外网进行屏蔽，因为在系统开发过程中，需要防火墙的隔离技术对内网进行安全保护，以有效防止黑客等入侵内网，提升安全性。

3. 入侵检测

所谓入侵检测，是指网络安全技术中通过对网络数据和信息的收集、统计和分析，对是否存在网络攻击行为进行检查，以此检测入侵行为。一般情况下，入侵检测是防火墙隔离技术后又一道安全屏障，其作为防火墙的辅助，能够有效应对网络攻击行为，提升系统管理的安全管理能力。入侵检测的方式主要有两种，分别是异常检测和规则检测，它们都是网络安全技术的关键组成。

二、养老保险审计系统的安全分析与风险防范

（一）Web应用架构分析

1. JSP+Servlet（Javabeans）方式

在该实现方式中，Web服务器对客户端发送过来的请求进行接收，与程序服务器进行Java端程序Servlet的执行，对其输出进行返回处理以实现信息资源与客户机的交互处理。通过浏览器的运作，客户端能够实现对数据信息的增、删、查、改等功能，图7-3对此流程进行了展示。

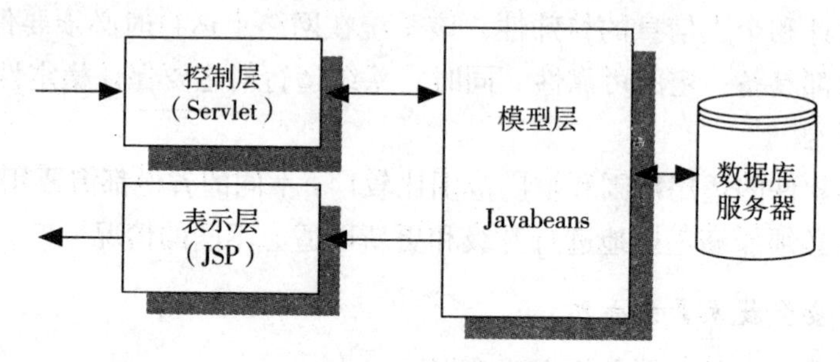

图7-3　Web应用架构

（1）设计模式展示。程序编写人员通常通过设计模式的展现来解决一些编程问题。当前，Web中的很多应用都是以B/S的模式来呈现的，通过HTML一级JSP的形式，浏览器可以直接与用户进行交互，用户的请求命令通过这种方式得到回应。这是一种非常直观的展现形式，但是代码的增加会导致管理系统的数据量也会有大幅度的提升，从而很有可能会使得JSP页面变得不那么简洁，或者直接导致Web服务器不堪重负。所以，通常采用模型视图控制器对中间层进行设计，Model层实现业务逻辑层的执行结果，View层执行用户显示层的结果，Controller层负责前面控制两个层次之间的联系。在具体的实现过程中，应用程序的控制器为Servlet，视图由JSP来展示，另外，被系统用来表示模型的是Javabeans。Servlet则对所有的用户请求进行了承担，接着对这些请求进行分发，将其分配到JSP中，与此同时，Servlet会生成一些Javabeans的实例，这些实例是在JSP的需求上产生的，并且同样在JSP的环境中得到输出的处理。然而如果JSP想要对Javabeans中的数据信息进行获取，则能够以下列方式实现：一是直接调用；二是UseBean自定义标签的使用。这种设计模式的优势在于将表示层以及数据层进行了完全的分割，这对系统开发而言是一件好事，因为它使开发更加便捷与迅速。图7-4展示了数据在层次间的传递方式，以此设计模式为背景。

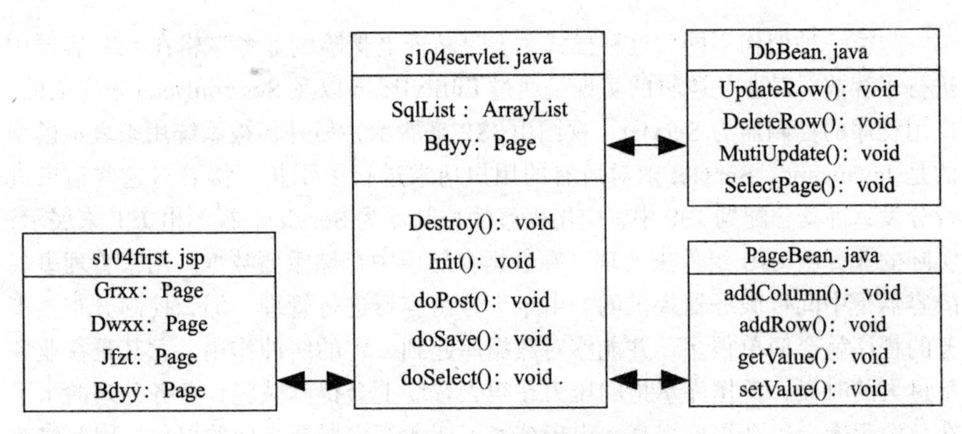

图 7-4　职工个人状态实现实例

（2）存取原理。Java 可以对数据库进行存取及连接，这是通过使用 JDBC 来实现的，通过一组接口和类对 Java 进行编写来组成，Java API 是 SQL 数据库语句的执行方式。使用 JSP 或者直接使用 JDBC 与 Servlet 的组合模式，对数据库存储的方式进行实践，也就是说，客户端的数据库不需要生成查询的相关命令然后传输到服务器，而是可以直接通过 URL 以及浏览器将彼此的连接建立起来。Web 服务器主要的任务在于接受 HTT 数据请求，这种数据请求来自本地的浏览器或是远程的浏览器。请求到达中间层并被接收之后，执行 SQL 语句会对 API 进行实现，以此来执行数据库的访问操作。JSP 在接收到查询数据之后会生成一个标准化的界面，发来请求的浏览器会将结果返回客户端。

2. JSP+SERVELET（Javabeans）+EJB 方式

当前系统使用的是集中式的管理模式，但是这种模式只适合规模较小的系统或是当地的经办机构没有建设相关系统的地方，在已经有完备系统的地方不需建设。但是考虑到这些城市在将保险业务的系统信息进行交换时会比较麻烦，因此，设定以图 7-5 的构造模式来解决可能发生的问题。

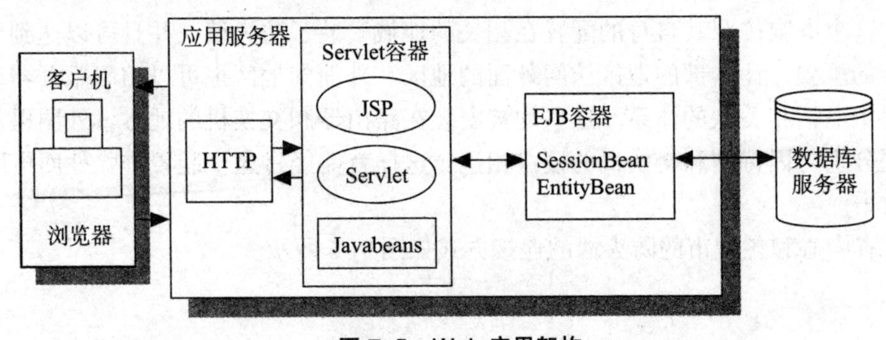

图 7-5　Web 应用架构

与第一种架构不同，这种模式主要是将养老保险的业务逻辑在 EJB 容器中进行了存放，对业务逻辑的实现是通过 EntityBean 以及 SessionBean 来完成的。应用程序的控制器为 Servlet，视图由 JSP 来展示，另外，被系统用来表示模型的是 Javabeans。Servlet 则对所有的用户请求进行了承担，接着对这些请求进行分发，将其分配到 JSP 中，应用程序的控制器为 Servlet，视图由 JSP 来展示，实际的业务由 EJB 组件来实现，在数据存储层中存储重要数据。用来管理事务的容器是中间件服务器提供的。由于事务由容器进行管理，那么控制分布式事务的程序就会简单很多，并能够对数据库起到一定的缓冲作用，尤其是在业务量过大的时候，数据库承担的压力在很大程度上会得到减轻，业务处理的水平在一定程度上也会得到提高。由于分离了业务逻辑层及其他的层次，因此修改起来会比较方便，在某些业务变幅很大的企业适合用这种方法。

（二）物理访问控制技术

确保电脑内部的物理不危险是整个系统安全的前提。什么是物理安全，即在一些常见的自然灾害中保证电脑网络的硬件设备不被损伤，以及保护电脑不被违法犯罪分子进攻，造成损失。物理安全主要分为设备方面、线路方面以及环境方面。

为了把低等的和高等的两个等级在物理性质上分开，需要采用相关科技，确保除了物理之外的逻辑可以连接。

1. 环境安全

电脑周围的环境不发生危险，电脑就是安全的，如灾难保障以及区域保障。

2. 设备安全

多次强化工作者对安全的重视，这样就能使设备在保护电源、拦截电路、拦截电磁波的干扰等方面得到保护，特别是设备冗余备份。

（三）网络访问控制技术

这个电脑按照其自身的配置在相关的地域安装了防火墙，并且可以达到所要求的配置，让本部的地区访问外面的地区。外面的地区也可以访问服务器和与科室电话相关联的体系。这些均被安装在路由器和交换机的地方，外网以及内网分别与因特网和交换机的接口相连，这样就能经过这个装置排除外面电脑的攻击。

省中心和各地市的防火墙的连接方式如图 7–6 所示。

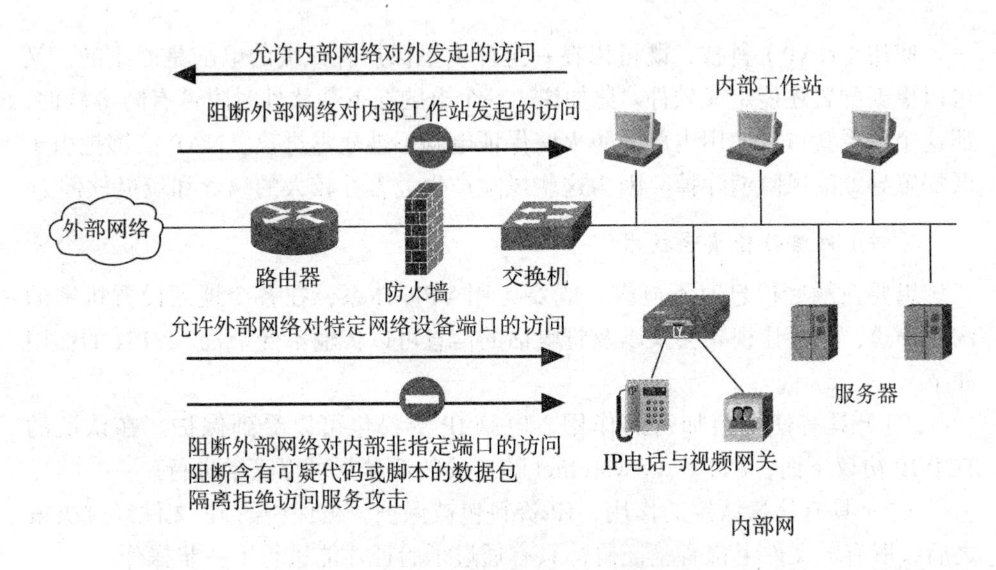

图 7-6　省中心与各地市的防火墙的连接方式

通过网络联系大众，并且只打开一个端口，经过这一个端口传递资料，并且这个电脑拥有特殊的防火墙，能够只连接安全的网络，这样就可以确保企业内部的核心机密不被泄露，而且物理方面的隔离也能够加强安全性能，阻止黑客入侵，就算 DMZ 里面的端口坏了，也没关系，如图 7-7 所示。

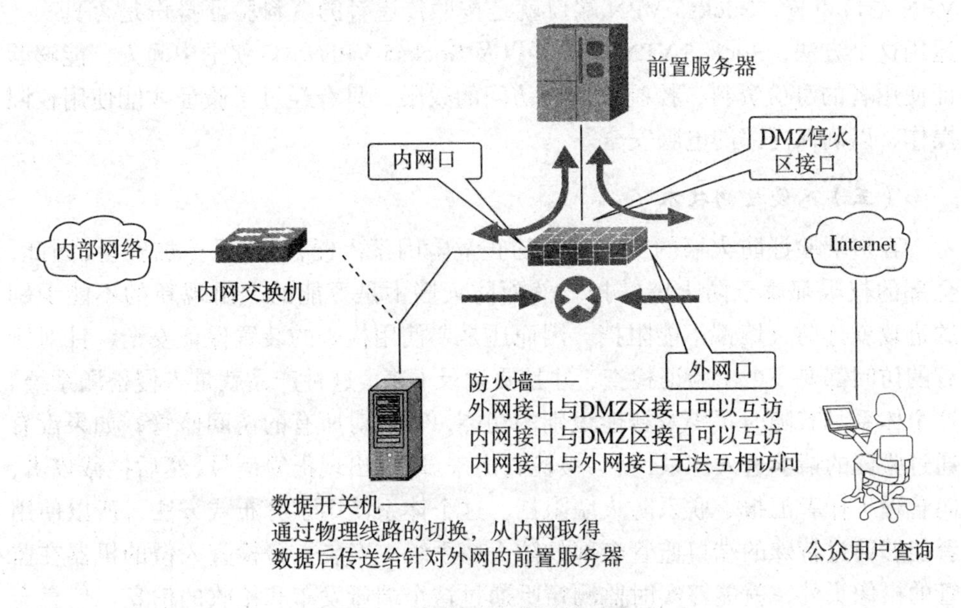

图 7-7　内部防火墙的连接方式

使用（NAP）科技，既可以在一定环境里保护客户端的电脑是健康的，又可以更新配置还能定义软件。比如说，一个电脑在下载软件时附带有防毒软件，那这个体系就可以使用内部的防火墙保证电脑不被病毒进攻。NAP 能够把由于低配置导致的风险消除掉，因为这些风险产生危害性较大的病毒和垃圾软件。

（四）网络传输安全技术

想要在触底信息时不泄露，既要运用 VPN 体系，在各个地区设置机密的沟通渠道，又要让视频会议以及打电话的信息可以传输不受干扰。VPN 的作用如下。

（1）具有使资料加密的作用，电脑 IP 资料包可以受到保护。在认证的 TCP/IP 协议下面，FTP、www.Telnet 等有关的活动都可以正常进行。

（2）具有信息认定的作用，IP 资料包被保护。被保密的 IP 文件经过决策之后，所有的文件上都有验证码，只有通过了验证才能进行下一步操作。

（3）具有包装 IP 资料包的作用，让 IP 资料包能够更完整。读取不安全的资料包时，会进一步特殊加工，确保里面的资料不被损坏。

（4）具有防火墙的作用，阻挡不安全的使用者进攻电脑的访问体系。

（5）采取了 Socks5 VPN 的有关规定。配备了 Socks5 VPN 客户端，就可以经过这个端口控制访问程序，而且可以把这种程序转化成协议传递给 Socks5 VPN 端口审查，Socks5 VPN 端口就是按照传递者的资料验证身份是否真实。运用这个方法，Socks5 VPN 服务器以及 Socks5 VPN 端口就是中间人，能够验证使用者的身份资料，控制该用户访问的权限，只有经过了验证才能使用权限操作，以确保内部的电脑安全。

（五）入侵检测技术

客户端验证防火墙的身份就能防止危险因素入侵，让体系更加安全，因此，全部的权限都属于防火墙掌控。然而防火墙不是万能的，出现新的不能识别的进攻就连防火墙都不能阻挡。因而还是要使用检查的装置保证安全，针对所有的访问都要一个个验证检查，并且要记录下来。这种产品就是入侵检测系统。这个体系具有随时报警及智能识别的功能，可以对所有的访问监管，如果没有通过验证的请求进入体系，就会被检查出来。随之出现报警信号，然后拦截攻击，向管理工作者汇报、联系防火墙阻挡。这个体系使用了分布式方法，所以使用者能够通过特殊的端口监管全部的防火墙系统。安装一台检查入侵的机器在监管的摄像头处，就能够实时监测窃听通过这个端口发布和接收的信息。信息会被显示、扫描、记录、报警，并且会在所有有显示器的地方显示。因为这个体系发展很快，所以启明星辰、Security Internet System（ISS）、赛门铁克、思科等一些企业都有相关的软件。

（六）用户合法身份认证技术

在这个系统的端口处安装了一个 EPass 验证的软件，使用者在网络上初次安装 AcitiveX 软件时，就能够识别 MAC 的区域以及硬件的相关信息，并且识别之后就能传输到终端的客户端口，终端的客户端口就会把 EPass 里面的使用者的编程程序以及 MAC 区域标志和硬件的资料储存起来。当使用者进一步使用客户端提交验证时，所提交的验证码就会被识别分析。如果服务器终端的验证码与其一样就通过验证，进入内部体系，其主要认证流程，如图 7–8 所示。

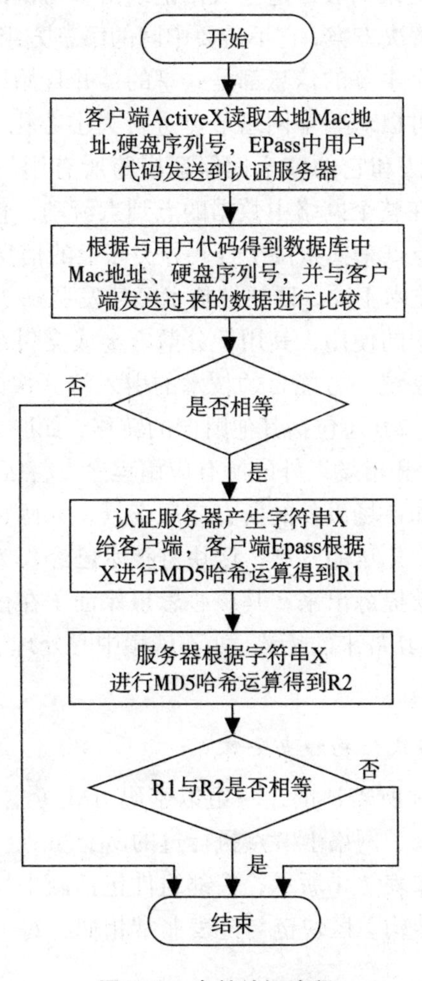

图 7–8　身份认证流程

第四节　基于区块链的网络安全技术的应用

一、区块链技术

（一）区块链的概念

区块链（BC）是一个框架，其自 2008 年在最初的比特币白皮书中被提出以来，已经在广泛的应用和行业中得到了发展。它以分布式数据库的形式维护一个不断增长的数据记录列表，这些数据记录由参与链的节点进行验证。区块链提出了一种分散的解决方案，它不需要中间的第三方组织来实现块内的信任。在区块链中完成的每个事务的信息都是共享的，并且始终对所有节点可用。通过使用区块链技术，可以对整个网络节点进行去中心化（不依赖中心实体），并且可以通过共识算法和它的安全性保证横跨所有用户而不是只在一个中心节点建立信任。通过在整个网络中数据的点到点流动，任何一个人或计算机都可以联系它们最近的节点来检索位于公共分类账上的信息。

与最初的区块链技术不同，区块链技术已经发展到 3.0。区块链 1.0 包括区块链在数字货币应用中的使用，其用于分散资金或支付系统，这包括比特币、其他加密货币和支付系统。智能合约技术的引入将区块链带入 2.0 时代，除了 P2P 支付系统，区块链 2.0 还包括其他财产的转移，如股票、债券和智能财产。区块链 3.0 包含了货币和市场以外的所有应用程序，将区块链技术进一步抽象，使其应用于包含货币和市场以外的所有应用场景，如医疗、学校、城市环境和物联网等领域。通过十几年的发展，区块链技术已经作为一种技术思想，从传统的虚拟支付领域中被提炼出来，其核心思想保证了在任何应用了区块链技术的领域内，都可以享受其带来的优势，如不依赖中心处理、不可更改、随时可查、分布式存储。

（二）区块链的链式结构和安全性

区块链正是其名称所表达的，一组以密码方式（主要为 Hash）将数据连在一起的链，它还记录了网络上节点执行过的所有事务。首先，我们需要了解区块链的头部组件，如表 7–1 所示，头部组件包括版本号、前区块哈希、默克尔根、时间戳等重要结构。区块链与链表非常相似，每个块都包含一个指向前一个块的指针。

表 7-1 区块链头部组件

Version	它所遵循的块验证规则的版本
Previous Block Hash	区块链中前一个块的哈希
Merkle Root Hash	一个块中所有事务散列的根
Timestamp	块被挖掘的 Unix 纪元时间
Bits	目标阈值的编码版本
Nonce	只能使用一次的任意数字
Transaction Count	此块中包含的事务总数

区块链的一个关键区别是，每个块都包含一个指向前一个块的散列指针。每一个节点的 Hash 都具有两个功能：指向前一个块位置的指针或引用，以及该块的 Hash 散列加密。存储前一个块的密码散列允许我们验证我们所指向的块没有被篡改。要验证一个块，只需将存储的哈希指针与前一个块的哈希进行比较，并确保它们是相等的。

正是这一结构为区块链提供了极高的安全性，我们可以通过一个例子来进行说明：攻击者试图通过修改链中的一个块来增加自己的账户余额，那么他将会试图在 Block1 中添加一个虚假交易，声称有人给他转了一笔账。更改事务列表后，攻击者将被迫更新 Merkle 根散列。因为块哈希依赖于 Merkle 的根哈希，如果 Merkle 的根哈希被改变，那么就必须重新计算块的哈希。因此，攻击者将不得不投入精力和时间重新计算他恶意更改的区块。区块 Hash 的链式验证如图 7-9 所示。

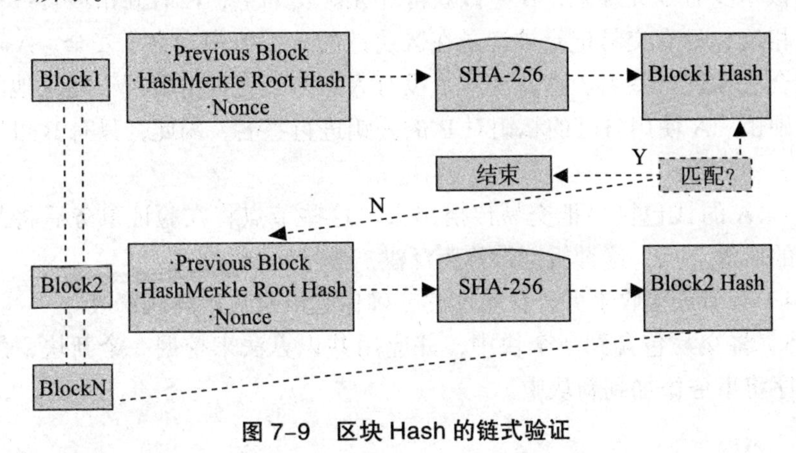

图 7-9 区块 Hash 的链式验证

由于每一个后面的块都包含指向前一个块的哈希指针，因此，攻击者要重新计算 Block1 的哈希值。但此时计算出的 Block1 Hash 与之前的块的结构匹配失败，因此，攻击者不得不重新计算 Block2 的哈希值。一旦他更改了 Block2，那么 Block3、Block4 等也必须进行同样的更改。在此期间，网络仍在不断发展，而攻击者则需要继续花时间修改过去的块。在这样的攻击中使用的时间成本是昂贵的且没有意义的，这便是区块链的链式结构带来的安全性。

区块链正是利用了 Hash 函数的优点，将数据存储在块中并进行物理上的串联，以达到数据逻辑关联的目的。工作时，区块链通过时间戳保证信息同步，通过 Merkle 根进行事物的逻辑关联，通过 P2P 技术在网络中安全地共享信息，并同时利用一定的激励机制、共识算法和智能合约技术保证信息在网络中的有效安全流动。

（三）区块链中的事务交互

网络资源间或其中节点间的通信称为事务，当客户端希望执行一个事务时，它便将该事务广播给链中的所有节点，接收节点验证事务并发起协商一致协议。根据协商一致协议的结果（协商一致协议可能差异很大），将事务插入一个块中，并传播到其他节点，通过添加新块来更新每个节点中的链表数据结构。

为了更好地理解区块链中如何执行事务，让我们考虑一个示例场景，其中 A 向 B 转账 5 元钱。为了使交易生效并被区块链接受，需要完成以下主要步骤。

假设 A 的当前余额是 10 元，B 的是 2 元。

（1）A 同意转给 B 5 元：A 使用 B 的钱包地址发起交易。B 可以为每笔新交易创建一个新地址。

（2）A 生成一个事务：当 A 向区块链网络广播一个事务时，消息指出 A 现在应该至少有 5 元存款，B 应该获得 5 元。实际上，没有硬币或资产被实际转移；相反，只有交易记录被记录在区块链的分类账中。为了安全，A 可以对硬币的合法性进行签名。这就证实了没有人在未经允许的情况下能从他的钱包里取出硬币。A 使用自己的私钥对 B 的公钥进行签名，因此，只有 B 可以花这些硬币。

（3）A 的钱包接口把交易传播出去，这些节点将在验证事务后将其传播给它们的对等节点，这种机制被称为泛洪。

（4）有节点接收事务，并验证它，确保它没有被破坏或篡改。

（5）将交易包含到一个块中，并应用共识算法来挖掘一个新块，然后按优先次序将事务添加到新块中。

（四）共识机制

共识机制是分布式网络中互不信任节点间建立共识的规则与方法。区块链可以被怀疑其可信度，但是该技术提供了一种机制来验证添加到区块链中的数据是否合法。为了实现这一点，所有的节点都需要一种方法来就绝对正确的版本达成一致。用来达成协议的算法被称为“共识算法”。简而言之，共识算法就是要保证即使存在一定比例的恶意或错误节点，所有真实的网络节点也要就新事务的有效性达成一致。共识算法有很多，它们都有不同的优点和缺点。在任何网络中，共识算法都必须要满足一定的安全性、能耗和计算需求。我们将介绍一些最著名的共识算法，并进行适用环境的利弊比较。

1. PoW

PoW 也叫作工作证明算法，是一种提出比较早的传统算法，需要“矿工”贡献其计算能力来证明有效性。在 PoW 中，节点信任当前逻辑长度最长的链，即其他矿工添加的块最多的链。因此，只要非恶意节点的计算能力总和大于一半，PoW 就是安全的。可以看出，对于物联网环境这种节点计算能力极度不平衡的网络，PoW 并不适合。

2. PoS

PoS 也叫作利害关系证明，其不需要昂贵的计算资源来挖掘块。相反，PoS 使用一个基于你已经拥有的硬币数量的验证过程。如果你拥有区块链 1% 的股份，那么你就有 1% 的机会被选中去创造一个块，或者说是“造币”。可以看出，PoS 非常适合物联网，因为它不存在 PoW 能量缺陷，也不需要很高的计算能力。

3. PoET

运行时间证明，与到目前为止提到的其他一致算法有一点不同，PoET 本质上是通过为每个节点分配一个随机的等待时间来工作的，拥有最短等待时间的验证器“获胜”并开始挖掘下一个块。这是一种另类的抽签算法，其优点是它比 PoW 更节能，而且对算力的要求更低。但是，它对 Intel 处理器的依赖削弱了可信分散的原则。但排除这一点讲，它是物联网环境中可以选择的算法。

（五）零知识证明

零知识交互证明（Zero-Knowledge）是双方之间的一种证明协议，顾名思义，其中零知识属性是最有趣的。在零知识证明中，验证者对被证明不能单独学习的事实，除了证明它是正确的之外，没有从证明者那里学到任何东西。这是非常有用的，因为它解决了密码学中最大的问题之一，即证明者如何能够证明他知道一个秘密，而实际上不披露它。在零知识证明中，验证者甚至不能向第三个人证明这个事实。

一个简单的零知识交互过程可以用“阿里巴巴的山洞”模型予以简单说明，如图 7–10 所示。

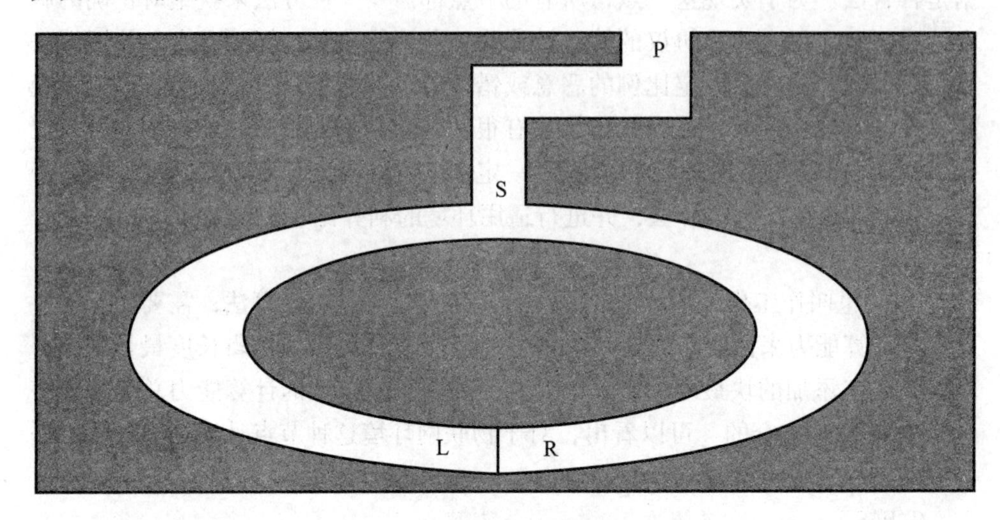

图 7–10　“阿里巴巴的山洞”模型

在图 7–10 中，灰色部分是山，白色部分是可以走动的山洞，在 L 和 R 两个点中间，有一扇门，需要特殊的密码才可以打开。此时，鲍勃想要向爱丽丝证明他知道在 L–R 处这扇门的开启方法，但她不想向鲍勃透露这个秘密。

一轮零知识证明协议发生如下：爱丽丝在 P 处等待鲍勃进入山洞；鲍勃可以从任意一边（L 或 R）进入洞穴，并开启 L–R 门；此时爱丽丝走到 S 处，呼喊鲍勃从他指定的方向出山洞。这种情况可以重复任意次，直到爱丽丝认为鲍勃掌握开门的方法。

我们可以看到：假设鲍勃撒谎，那么鲍勃每一次成功的概率均为 1/2。那么实验进行 k 次之后，鲍勃还成功欺骗爱丽丝的概率为 2^k。具体到区块链环境看，通常“开门”操作对应的是私钥对加密文件的解密操作，在实际情况中，鲍勃成功欺骗爱丽丝一次的概率为 P1，那么进行 k 次后，鲍勃还成功欺骗爱丽丝的概率为 $P1^k$。通常，P1 的值是很小的，假设密文长度为 s，通常 $P1 \leqslant 2^S$。爱丽丝对这个交易的看重程度依靠概率表示，假若她认为鲍勃猜测成功的概率小于阈值 Q，那么爱丽丝就接收鲍勃的证明，此时，上述流程要重复 K=[Q/P1] 次。这种推理背后的主要思想是这样的：鲍勃想要证明某个事实（事实 1），但他不想公开证明。然后，他发现另一个事实 2，如果事实 2 是真的，那么可以从一定概率上证明事实 1。整个流程中，如果爱丽丝或鲍勃一方不同意，那么这个协议都不可能开始。

二、物联网和区块链

物联网是“连接物、传感器、执行器等智能技术的基础，可以实现人对物、物对物的通信”。物联网的主要目的是通过网络共享有关物体的有意义的信息，并将这些信息利用在我们生活中的制造、运输、消费等方面。随着技术的普及，物联网必将更加深入地参与并帮助我们的生活和工作。尽管物联网技术潜力巨大，但它仍面临一些重大的技术挑战。设备数量极大，设备种类极多，设备之间交互随机性、并发性高和设备之间计算存储能力的不平衡是物联网的最大特点，这就导致了安全性、连通性和设备间相互信任等危机，对物联网安全解决方案构成了真正的威胁。

在物联网环境中，大部分通信是设备与设备（M2M）协作，根本没有人工中介的参与和验证。在这种情况下，如何在参与设备之间建立信任是一个主要的问题。区块链在这方面可以说是为物联网提供了一个完美的解决方案。区块链通过确保设备的真实性和提供广泛可信可溯源的网络保护来提高设备之间的信任。同时，智能合约技术也保证了这样的网络也可以主动检测。当区块链与物联网系统集成时，区块链可以提高整个系统的安全性。区块链具有良好的隐私和安全特性，这在物联网系统中是必不可少的。它是分布式的、密封的、可查的、安全的，有助于物联网系统克服它们的关键缺陷。正是这种分布式设计，才保证了设备集群不依赖网络中的任何特定节点，如果有任何设备的完整性受到损害，它可以安全、快速地断开网络。由于区块链是由相互连接和分布的数据块组成的，数据不是存储在中心 DB 中，因此，它们可以更快、更有效地利用节点集群的计算资源，更能抵御攻击。此外，区块链还使用强大的加密算法和哈希技术，故非常安全。区块链事务总体透明，保证了用户的身份验证不存在屏障，可以有效防止恶意用户、设备渗透和污染区块链网络。可以说，区块链技术有助于构建事物隐私、设备间信任的物联网环境。

三、基于区块链技术的物联网拓扑模型

（一）网络拓扑

每个网关节点下层为与其在同一个物理区域或局域网的物联网设备。图 7-11 展示了利用区块链技术的物联网网络拓扑模型。私有网络是包含节点（网关节点）的局域网，该网络中设备分为两层。下层设备是指常用的物联网设备，

如手机、智能手环、智能手边、传感器。下层设备可以不具有较强的计算能力，同时下层设备也不能直接连接到区块链网络中，它们只能作为局域网的节点，而并不能算作区块链节点，这是由于区块链节点需要具有一定的计算和存储能力。

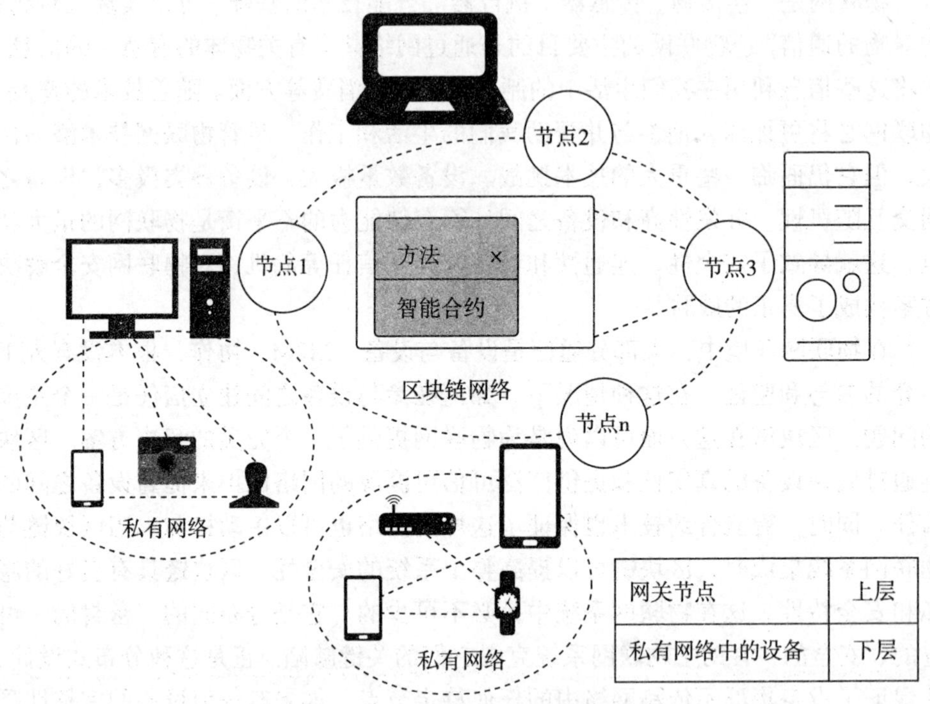

图 7-11　区块链物联网的拓扑模型

（二）新型区块结构设计

区块链与传统的交易网络有着本质的区别，具有多种特殊的特性。它们的关键功能包括加密（非对称加密）、散列、链接块和智能合约。区块链事务表示双方之间的交互，加密货币事务表示在区块链用户之间传输加密货币，这些事务也可以指消息的传输或记录活动，区块链中的每个块可以包含一个或多个事务，区块结构依据区块的事务来设计。

图 7-12 解释了一般区块链的数据结构，一般区块链是一种由块组成的分散的、分布式的、公共的数字。一般情况下，每个块与带时间戳的事务集合连接。可以看出，该技术允许节点通过创建事务来交换数据，每个事务依赖另一个事务，其中一个事务输出在另一个事务中作为输入引用，从而在其中创建链式结构。

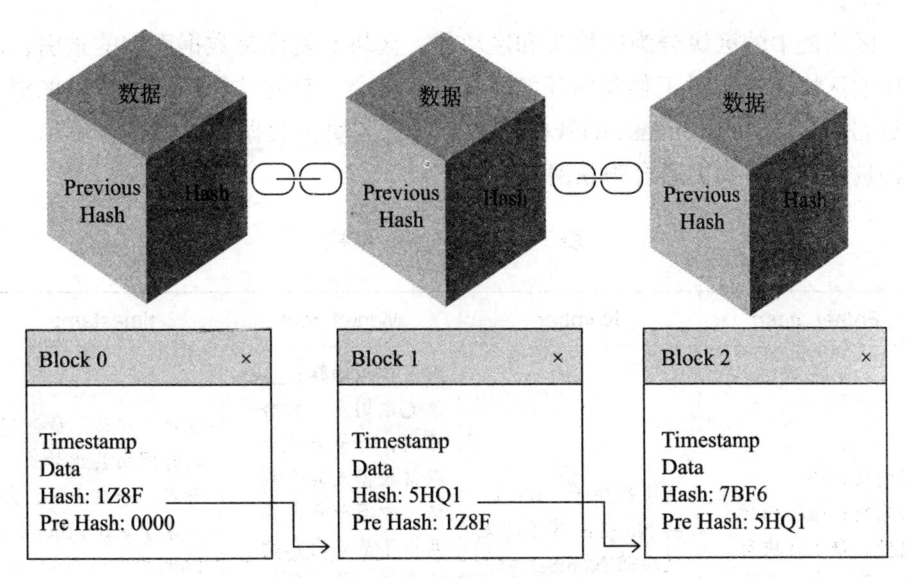

图 7-12 区块体逻辑结构

第一个块被称为一般块，而网络中一些特殊的块被称为矿商，它们试图解决一个名为"工作的证明"的密码学难题。因此，这样的架构使得参与节点在网络中不可信的参与者之上构建可信网络。新事务由所有参与节点验证，这些节点忽略了集中式依赖的必要性，并提出了一个分布式管理系统。每个块包含其前一个块的散列 Hash 值，该散列可确保事务的稳定性，因此，从网络中改变任何块都是不可能的。如果一个事务是有效的，那么该事务将继续存储在任何节点都可以访问的公共不变的区块链网络中。该网络中的所有交易都是使用公钥加密的签名，因此，它们的真实性本质是可以相信的。

区块链本质是一个分布式数据库（账簿），区块头相当于数据账簿的索引，而区块体则记录具体的交易，在物联网环境下，传统的区块已经不能满足物联网环境，区块体设计与该方向不相符，产生大量数据结构层面的冗余，必将导致新区块入链和更新等操作的资源浪费，如以太坊（Ethereum）的区块结构更适合金钱交易，并且不注重实体设备，这与物联网这种大量实体设备的环境产生了一定的冲突。由于物联网环境的特殊性，物联网设备可能并不具有较高的计算能力，虽然本文提出的网关节点模型需要建立在网关节点具有计算能力和储存能力的条件上，但是相比于作为以太坊节点需要的计算和存储能力，我们不希望只有高性能的电脑或服务器才能参与到区块链中来。要应用于物联网环境，就要降低这种计算开销，减少计算力的依赖，因此，重新设计区块结构成了必然。

区块链中的区块分为区块头和区块体，区块头就像是数据库中的索引，以太坊的区块头结构对于物联网环境而言过于复杂，针对这一情况，本书取消了类似 GasLimit 和 Coinbase 的数据结构，简化区块头数据，如表 7–2 所示，使得轻量化的区块头更适合物联网环境。

表 7–2　新区块头结构

Father_hash	Number	Merkel_root	timestamp
指向父区块的指针；除了创世块外，每个区块有且只有一个父区块	区块的序号；Block 的 Number 等于其父区块的 Number +1	默克尔树的根； 默克尔树是一种哈希树，叶节点包含存储数据或其哈希值，中间节点是其两个子节点内容的哈希值，最上层的根节点由它的两个子节点内容的哈希值组成	区块“应该”被创建的时间由共识算法确定，一般来说，要么等于 parentBlock.Time+ 10s，要么等于当前系统时间

表 7–3 展示了新型区块体的主要数据结构，并针对物联网设备的现实存在性和唯一性，利用设备 ID 和公司 ID，定位设备。Type 字段主要存储了交易类型，以用于网关节点之间交易的定位和协商。

表 7–3　新区块体结构

type	company	Device_code	Dh_value	Ffs_value	New_ffs_value	Envelope_pk	Calculate_ability
0x00 储存事物类型	公司的编号，便于身份的验证，保证 ID 的全球唯一性	设备的编号，便于身份的验证，保证 ID 的全球唯一性	Diffie-Helman 认证需要的字段，它是一个 struct，包括一个素数和其源根	网关节点通过自身随机数 R 生成的零识证明全局参数的集合	更新的零识证明全局参数的集合，在新设备注册时，该字段为空	信封加密的公钥	节点计算能力权重，用于平衡节点之间的计算能力，提高效率

四、基于新型区块的认证交互

整个系统的事物认证交互过程分为两个步骤：第一次零知识认证入链和交互时的第二次身份认证。其中零知识证明入链是加入这个物联网区块链系统的必要条件，交互时的第二次身份认证是在两个网关节点进行数据交互时发生的。

如图 7–13 所示，新网关节点的第一次入链使用零知识证明算法，将设备编号、Diffie-Helman 字段和信封加密公钥等信息写入区块链。这一次的认证是必要的，较为常用且恒定的数据的零知识证明入链可以保证重要数据的不可篡改性，同时这些数据在今后的网关节点交流中很可能会被大量且经常性地使用。提前的数据公开有助于网关节点之间的相互信任和交流安全。

在完成数据写入后，第二次身份认证是在区块（网关节点）之间交互时，利用第一次认证的数据进行第二次认证。如图 7-13 所示，A 节点和 B 节点之间想要进行数据交互，只需要从区块链中拿出对方的相关信息和必要密码学数据，即可进行安全的数据交互。

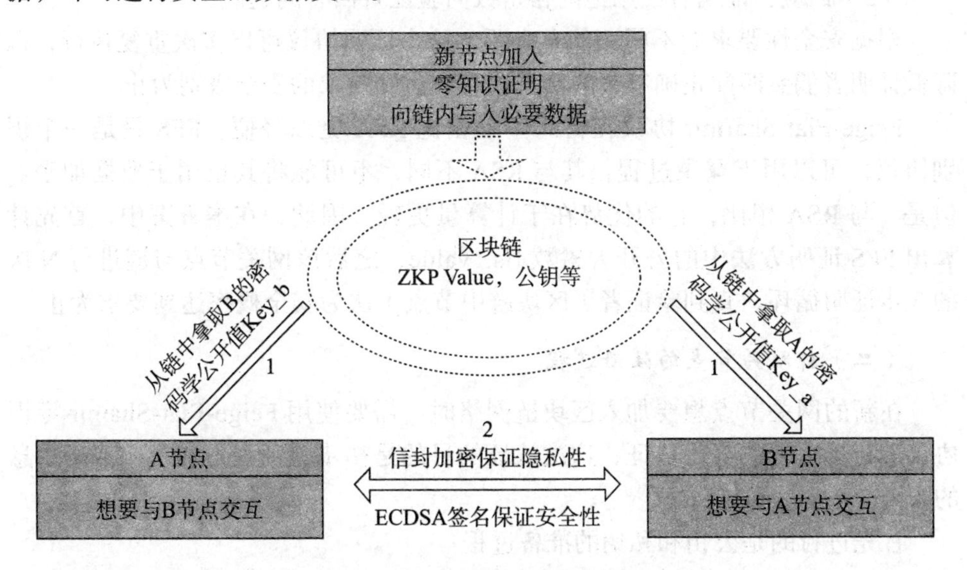

图 7–13　事物认证交互逻辑图

这样做的好处：第一次认证使用零知识证明，在保证用户隐私的情况下，将交互需要的认证数据提前公开，为第二次认证做了缓冲。由于区块链的不可篡改性，在进行网关节点之间的数据交互时，可以放心地信任链中公开的数据。进而相比传统的密码学方法，在安全性不下降的情况下，这样做减少了密钥交换时间。总体来说，第一次认证可以当作第二次认证的缓冲，可有效地将相当大一部分计算开销进行时间的前移，具有消减流量洪峰、提高并发量的作用。

（一）零知识证明的选择

零知识证明的最大特点就是可以在保证不泄露任何知识（隐私信息）的情况下向任何人证明自己是自己。通常使用公钥对应私钥的方式证明自己具有私钥，即需要向对方证明自己是某一公钥的主人。由于 Feige-Fiat-Shamir（简称FFS）识别方案使用公私钥对，它的优点是只需要很少的模块化操作，因此，它可以在智能卡中嵌入的弱微处理器上实现，这很符合物联网设备计算能力不突出的场景。

通常，需要三个步骤为一个循环来保证整个协议的可靠性，具体如下。

（1）申请证明：证明者选择一个随机数，并将该秘密数的知识证明发送给验证者。数字定义了证明者应该回答的一类问题。

（2）挑战：验证者针对该情况随机选择一个问题，并将其发送给证明者。

（3）回应：证明者使用他的秘密数向验证者回答问题。

根据安全性要求的不同，如有必要，这个证明协议可以多次重复执行，以降低证明者偶然匹配正确答案的概率，直到达到要求的安全级别为止。

Feige-Fiat-Sharmir 协议在密码学上相比 RSA 更加轻便。FFS 只是一个识别协议，可以用于登录过程，其与 RSA 不同，不可能将其也用于数据加密。但是，与 RSA 相比，它的优势在于计算量更轻。因此，在本方案中，首先计算出 FFS 证明方法中的公开大素数 ffs._value，之后该网关节点与链进行 N 次的 3 步证明循环，直到验证者（区块链中节点）认为安全概率达到要求为止。

（二）新网关节点的注册过程

在新的网关节点想要加入区块链网络时，需要使用 Feige-Fiat-Shamir 零识协议进行第一次的身份认证，这次认证的目的是初步验证身份和重要常用信息的入链。

首先进行的是公钥和私钥的准备过程：

（1）P 准备私钥，P 选择 k 组随机序列 S_1，S_2，⋯，$S_k \in Zn$，令 $S=S_1$，S_2，…，S_k，其中 S 就是 P 的私钥。

（2）P 准备他的公钥，P 选择 k 组随机序列 I_j，令 $I_j= \pm 1/S_j^2$，mod n，令 $I=I_1$，I_2，…，I_k，其中 I 就是 P 的公钥。

（3）P 按照表 7–3 设置 type 为 Register，将公司编号，设备标号进行链内的全网节点广播，由链上节点审核，若 type、company 和 device_ code 均合法，则进行证明流程。

如图 7-14 所示，在 P 准备完公钥和私钥之后，P 想要向 B 证明 P 的可靠性，其证明流程如下：

（1）B 向 P 宣布一个大数 n，要保证 n 足够大（达到 512 位到 1024 位之间），同时保证 n 可以表示成两个大素数的乘积。同时，B 记录一个证明起始时间，用于进行高强度同步通信验证。

（2）P 随机产生一个大数 R，并且计算 $X=R$^2 modn，然后将 X 发送给 B。

（3）B 选择 k 组随机的序列串 E_1，E_2，…，E_k，将它发送给节点 P。

（4）P 计算 $Y=R*(E_1*E_2\cdots\cdots E_k)$ Si mod$n$，并将 Y 发送给 B。

（5）B 进行验证：$X=\pm Y^2\cdot \Pi Ei=1\ Ij$，当且仅当该等式全部成立时，B 才接收这一轮的验证结果。同时，B 记录一个证明结束时间 time_end，用于进行高强度同步通信验证。

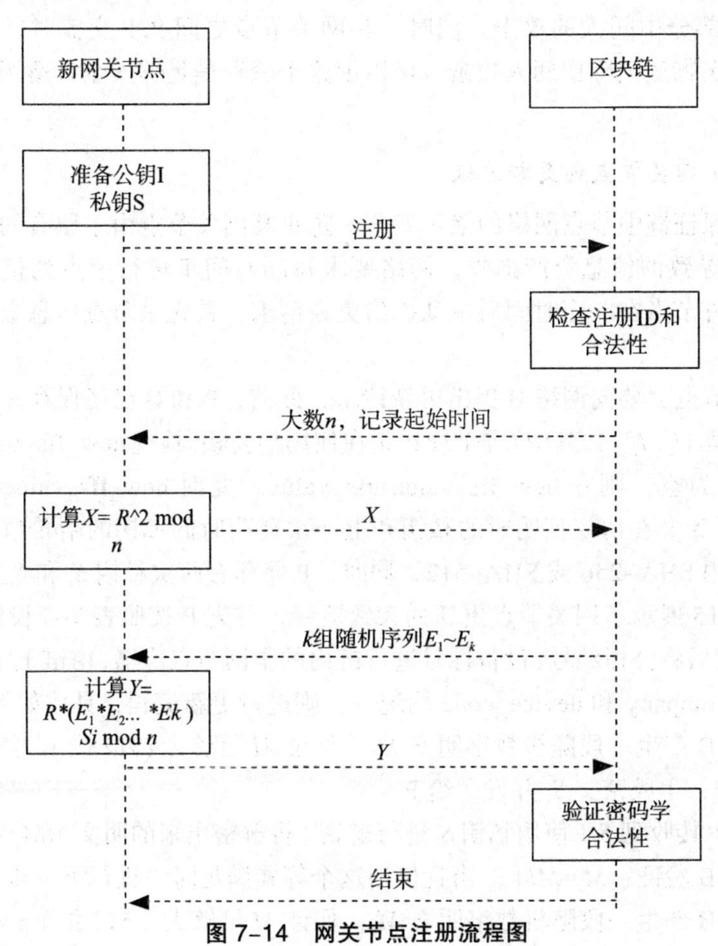

图 7-14 网关节点注册流程图

按照不同的安全等级要求，可以重复执行这些步骤。显然，若重复进行 t 次验证，P 可以欺骗 B 的概率为 $1/2^{kt}$。

每完成一轮验证，P 保存密钥集合 $\{S_t, S_{t-1}\}$，P 和 B 保存并记录 $\{I_t, I_{t-1}\}$，令 ffs_value=$\{H(S_t), H(S_{t-1})\}$，在所有轮验证完成后，记录 P 可以选择将设备 ID，envelope_pk，ffs_value 等信息入链保存。其中 ffs_value 即 P 在 Feige-Fiat-Shamir 协议证明时的私钥和上一次证明时的私钥的哈希值，将其保存以用于该节点的更新。

值得注意的是，这种技术的基本问题是，它会受到中间人的攻击，在这种攻击中，不诚实的验证者 M 复制了 P 提供的身份证明，以成功地将自己歪曲给另一位验证者 B。这是由 M 中继从 P 到 B 的每条消息，反之亦然。因此，在第一步和第五步，增加了时间戳的记录要求，通过反复强烈的同步通信，可以防范大部分中间人的攻击。同时，在网关节点之间 P2P 交流时，我们使用了数字签名彻底消除中间人攻击，可以说这个流程是足够安全且适用物联网环境的。

（三）网关节点的更新过程

为了保证链中节点网络的绝对安全，防止某网关节点由于原有的私钥泄露或被攻破导致的信息资产损失，网络要求每隔时间 T 进行节点的信息更新。同时也允许节点在一定时间后主动提出更新请求。首先是节点信息更新的准备内容：

假设节点 P 要向网络 B 提出更新请求，此前，P 和 B 已经保存并记录 P 的两次公钥集 $\{I_t, I_{t-1}\}$，其中 I_t 是 P 现在正在使用的公钥。检查 new_ffs_value 字段，若该字段为空，则令 new_ffs_value=ffs_value。此时 new_ffs_value=$\{H(S_t), H(S_{t-1})\}$，为 P 在协议证明时的私钥和上一次证明时的私钥的哈希值，哈希方法可以选用 SHA-256 或 SHA-512，同时，P 保存有两次私钥 S_t 和 S_{t-1}。

图 7-15 展示了网关节点更新的大致流程，首先 P 按照表 7-3 设置 type 为 Update，然后将公司编号、设备标号进行链内的全网节点广播，由链上节点审核，若 type、company 和 device_code 均统一，则进行更新流程，具体如下。

（1）B 产生一段随机数字明文 M_1，保证 M 足够大 (512 位)，使用公钥 I_t 将 M_1 加密，生成密文 S_1 并发送给 P。

（2）P 接收到 S_1，使用私钥 S_t 进行解密，将解密出来的明文 MM_1 发送给 B。

（3）B 验证：M_1=MM_1，当且仅当这个等式满足时，进行下一步。

（4）B 产生一段随机数字明文 M_2，保证 M 足够大（512 位），使用公钥

I_t 将 M_2 加密，生成密文 S_2 并发送给 P。

（5）P 接收到 S_2，使用私钥 S_{t-1} 进行解密，并将私钥 S_{t-1} 公布，将解密出来的明文和私钥集合 $\{MM_2，S_{t-1}\}$ 发送给 B。

（6）B 验证：$M_2=MM_2$，$H（S_{t-1}）$=new_ffs.value[1]；当且仅当这两个等式满足时，认为 P 具有数据更新资格。

（7）在 B 进行验证后，P 更新需要更新的信息，记之前的 I_t 为 I_{t-1}，记之前的 S 为 S_{t-1}，并公布新的公钥 I_t，进行全网广播。此时，P 和 B 已经保存并记录 P 的新公钥集 $\{I_t，I_{t-1}\}$，其中 I 是 P 更新的公钥。并且令 new_ffs_value=$\{H(S_t)H(S_{t-1})\}$，进行全链广播，其中 H 函数为 SHA–256 或 SHA-512，同时，P 更新两次私钥 S_t 和 S_{t-1}。

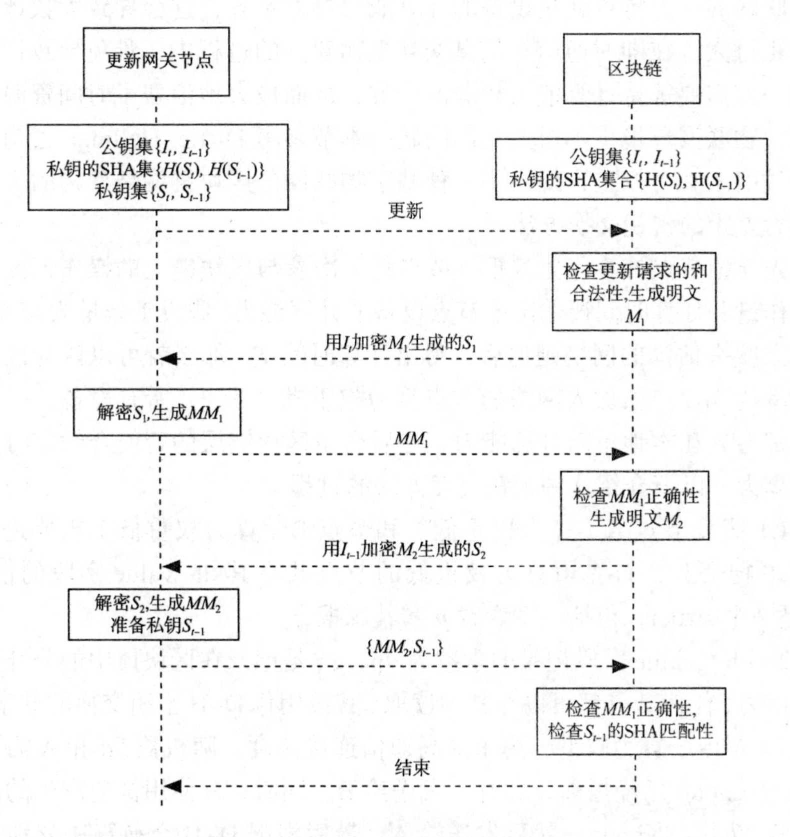

图 7–15　网关节点更新流程图

整个更新操作利用了 SHA 算法的不可逆性，同时，区块链的不可篡改特性省去了传统模式下中心化的控制过程，为整个系统提供了安全性和完整性保证。整个流程在保证安全等级的同时不需要很大强度的计算操作，时间和资源开销小，具有较好的安全性和稳定性。

（四）算力平衡节点间的安全交互过程

在完成区块链网关节点的身份认证之后，全网节点都承认该节点的合法性，此处的合法性是指其他节点认为该节点具有他所公布的公钥，同时其他节点认为该节点具有唯一的区块链地址，具有作为区块链网络上正常节点的能力。但是这并不意味着节点之间的交互是完全安全的，节点之间普通的即时交互，需要在零知识证明之后，加入基于计算能力平衡的 D–H 密钥交换流程，对即时通信的信息进行加密，杜绝明文的网间传输。

物联网的一大特点就是设备的计算能力参差不齐，这会导致大数计算时的时间差距过大，在即时通信等信息交互事物建立的过程中，难免导致计算能力较强的一方需要等待计算能力较弱的一方，从而极大地浪费了时间资源。为了解决这一物联网环境下不可避免的问题，本节参考 Diffie–Hellman 密钥交换方法，通过引入算力权重，提出了一种基于物联网—区块链网络架构的可以平衡计算能力差距的密钥交换方法。

首先介绍节点计算能力权重。节点每一次参与区块链上的操作，区块链会根据工作量和计算时间评估出该节点设备的计算能力。假设工作量为 M 个字节，交互时间减去估计的网络延迟后，得出计算时间 T，那么就可以认为该节点的计算效率为 M/T。新加入网络的节点算力权重默认为 0，所有设备，一旦参与过计算都会先在本地更新计算能力，之后会由区块链层的智能合约定时更新网络节点算力。以下介绍这种密钥交互方法的过程。

（1）假设节点 A（算力权重低）和节点 B（算力权重低）想要进行 P2P 的重要事物交互，首先由算力权重低的节点共享其 dh_value 字段的值，dh_value 是一个 struct，包括一个素数 p 和其源根 g。

（2）dh__value 字段记录的素数为 <p，g> 是记录在区块体中的公开数据，具有公信力，任何节点都可以在其中读取，其被用作 D–H 密钥交换的共享数据。

（3）A 由于算力较低，为了提高通信连接速度，随机数 Sa 和 A 需要计算的 $Ya=g^{Sa} \bmod p$ 已经提前计算好，发送给 B。同时，B 使用提前产生的随机数 Sb，计算 $Yb=g^{Sb} \bmod p$。然后发送给 A。最后根据 D–H 交换算法分别计算出共享密钥 K。

（4）通信完毕后，依据区块链层的智能合约更新自己的密码学信息，并全链广播。

假设节点 A 需要和节点 B 进行数据交互，如图 7–16 所示，节点已经提前计算好了随机数 S 中间共享值 Y，并保密。由算力低的一方选择已经计算好的数据作为共享数据。假设节点 A 计算 Ya 需要时间 tya，节点 B 计算 Yb 需要时间 tyb，其中 $tya > tyb$，那么节点 A 计算共享密钥时间为 tka，节点 B 计算共享密钥需要时间为 tkb，通信网络延迟共计 tnetwork。若采用传统 D–H 密钥共享算法，则节点之间沟通共享密钥的时间为：

$$T\text{total}=t\text{network}+\max(tya,\ tyb)+\max(tka,\ tkb)$$

若采用基于物联网—区块链的算力平衡的共享算法，则节点之间沟通共享密钥的时间为：

$$T\text{total-new}=t\text{network}+\min(tya,\ tyb)+\max(tka,\ tkb)$$

整个过程的节省时间为：

$$T\text{save}=\text{abs}\ |(tya-tyb)|$$

在个体设备计算能力差异较大的物联网环境中，这种使用缓存的用空间换时间的密钥交换算法节省的时间是相当可观的。

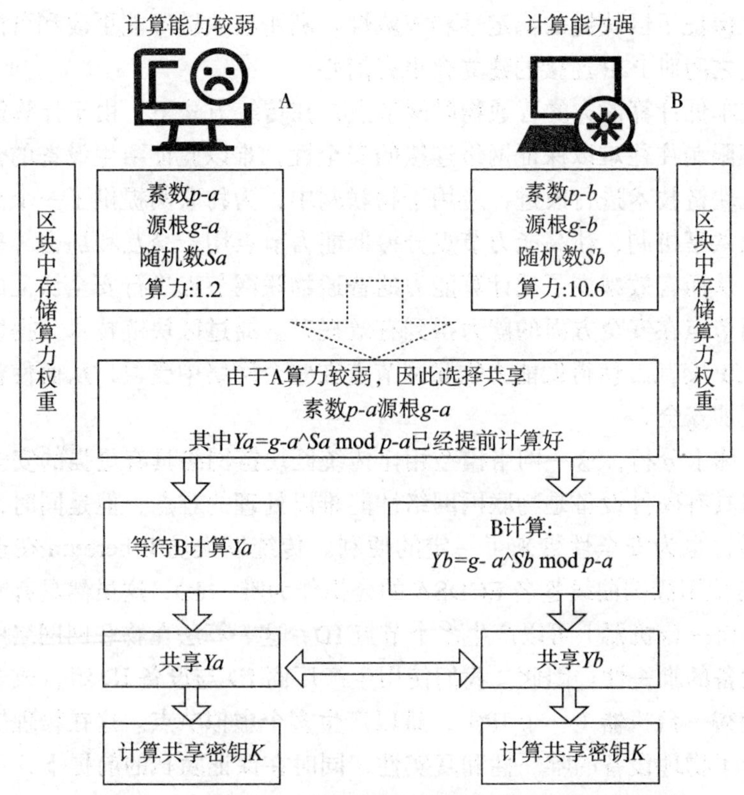

图 7–16　物联网—区块链结构下的平衡算力密钥交换流程

五、安全性能分析

与传统区块链结构不同，本节提出的模型更加适应物联网环境，更适合物联网。物联网设备具有实体性，一般来说，可信的设备必然是由可信的公司生产的，而陌生厂商生产的设备，不具有可信度，这就为物联网设备的身份认证提供了第一层便利。因此，本文在区块体中引入 company 和 device_code 字段。区块链中任何一个节点若对某一设备产生怀疑，首先可以通过这两个字段定位到可信生产商，必要情况下可以通过数字证书、mac 值等数字信息初步验证其合法性。同时，实体设备编号通常对应了设备的计算存储能力，引入这两个字段对物联网设备的管理和促进计算能力流动具有积极意义。

新设备的第一次身份认证使用改进了 Feige-Fiat-Shamir 的零知识证明，将必要信息如 ffsgvalue、信封加密的公钥 envelope_pk 和 Diffie-Helman 认证需要的素数以及其源根写入区块链。在这一部分中，零知识证明的机制保证了恶意节点难以模仿具有公钥 envelope_pk 的节点，从源头上阻止了初次接入时的恶意攻击，同时，也保证了将会有极少的节点在短时间内更新密钥信息，并从机制上保证了区块链的稳定性和权威性。利用区块链不能更改和可溯源的特点，节点之间对 P2P 连接的建立会更有信心。

低成本低计算能力的普通物联网节点，在传统方式下，由于计算能力和存储能力等限制往往难以保证网络连接的安全性，难以验证陌生设备的合法性。本节将区块链技术进行改进，应用于物联网中，为物联网提供了一个高效和安全的信息共享机制，让高能力节点分摊低能力节点用于交互和加密等事物的计算压力，从而有效减少了低计算能力的普通物联网节点进行安全认证的开销，使得普通节点在安全方面的能力得到有效提升。通过区块链技术，提供节点间的安全 P2P 交互，使得低能力物联网节点在整个网络中受益，从而使整个物联网网络更加安全。

从整体上分析，这一网络模型相比传统区块链网络具有更强的安全性。物联网网络具有硬件设备是物联网网络性能难以处理的难点，但是同时，从一定程度上讲，也为安全性带来了一定的便利。传统以太坊 Ethereum 在选择节点 ID 时，常使用椭圆曲线签名 ECDSA 的公钥作为唯一 ID，这虽然具有唯一性，但是这使得一台机器上可以产生多个节点 ID，这一算法在物联网网络中，违背了物理设备的唯一性。因此，我们使用生产厂商 ID 与设备 ID 组合成全网唯一 ID，这使得一台机器（一个 IP），难以产生多个虚拟节点。这在物理层面上很好地符合了物理设备的唯一性和真实性，同时在保证隐私的前提下，可以有效防止拒绝服务攻击和日蚀攻击。

第五节　网络安全技术在电力调度自动化中的应用

一、电力调度自动化

电力调度自动化主要是利用电子计算机，构建中心控制系统以及调动技术，从而实现电力系统自动化调动，其主要包括安全监控、安全分析、状态估计、在线负荷预测、自动发电控制、自动经济调度等工作内容，同时也是电力系统综合自动化的主要构成部分，能够帮助调度工作人员及时地检测电力调度工作中存在的问题。

二、防火墙在电力调度自动化安防系统中的设计实现

根据网络安全防范体系层次的划分，严格遵循电力二次系统安全防护的总体原则，我们构建出一种安全的调度自动化安全防护系统（the Comprehensive Security System of Dispatch Automation, CSSDA），如图 7–17 所示，以确保能够实现安全防护体系的各项功能。

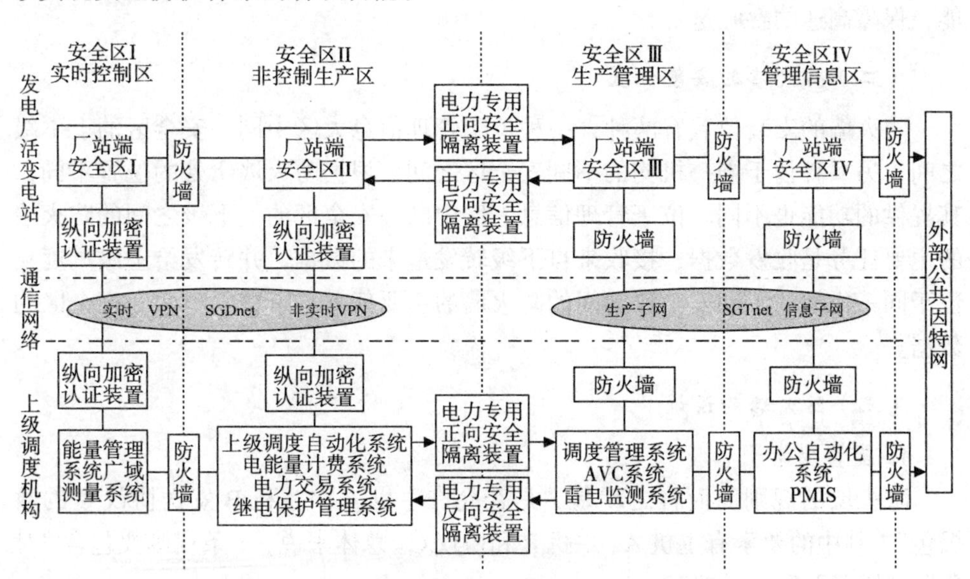

图 7–17　电力二次系统安全防护总体方案结构

（一）防火墙种类的选择

防火墙（Firewall）是一种起到隔离网络的方法。防火墙作为提供信息安

全服务、实现网络和信息安全的基础设施，能够根据用户设定的安全策略来审核通过它的信息，从而实现限制被保护的网络与外部网络之间的数据交换。因此，在电力调度自动化安全防护系统中，防火墙的配置合理与否，直接关系到网络系统的安全与否。

防火墙技术可以通过软件或者软硬件组合的方法来实现。软件防火墙是一种以逻辑形式存在的、安装在内外网络转换的网关服务器或者独立的个人 PC 上的特殊程序，通过运行在 0 级的驱动模块插入系统网络接口设备驱动之中，从而实现信息流的过滤，并跟随系统启动而启动。

正是由于软件防火墙属于应用层上的程序，不符合电力调度自动化系统中需要高实时性的要求，甚至某些软件防火墙自身存在可以轻易绕过的漏洞，因此，在电力调度自动化系统中通常采用硬件防火墙。

硬件防火墙是一种专用物理设备，通常布置在网络的接口处，承担“门卫”工作，其可以直接检查数据报文，并将有害数据丢弃，大大提高了工作效率。硬件防火墙选择中我们建议在县调及以上采用基于应用程序的扩展状态检测技术的“芯片”级防火墙，它虽然价格昂贵，但由于采用专门设计的硬件平台和支撑软件，并结合了包过滤技术和应用代理技术，从而可以达到较好的安全性能，保障高速的吞吐量。

（二）防火墙的安装位置

防火墙的安装位置有两种，一种位于管理信息大区中同一安全区的上下级之间，另一种位于同一机构的不同安全区之间。根据防火墙所处的位置不同，其提供的功能也不同。位于管理信息大区中同一安全区的上下级之间的防火墙的主要任务是收发数据，接收来自下级转发过来的数据，并转发给上级调度；位于同一机构的不同安全区之间的防火墙的主要任务是审核隔离两个安全区的数据。

（三）防火墙的设计

1. 配置要素

防火墙的规则简而言之就是“是否允许主机 A 向主机 B 发送协议 C 的数据包”，其中的要素有主机 A、主机 B 和协议 C。总体来说，一条规则要包含“对象”“服务”和“策略”。

对象就是防火墙要保护和防范的主机、网络及服务。

服务指的主要是协议和端口。目前在电力调度自动化系统中常用的协议有 TCP、UDP、TELNET、HTTP、ICMP 等。端口号由具体的协议或操作系统来指定。

策略是指管理通过防火墙系统的数据包的规则。设置策略往往需要IP地址和协议/端口号，不易管理和记忆，我们可以将这些IP地址注册为对象，在策略设置时使用注册对象代替IP地址。同样，对特定协议和端口号也注册为一个服务对象，这样不仅简化策略设置，同时确保策略的可管理性。

防火墙进行数据审核时是通过规则表自上而下依次比较的，因此，设置规则时我们首先要清楚电力调度自动化系统与外界互联的应用及其所使用的源地址、目的地址和端口号，并根据其数据传输频率在规则表中安排优先级。然后再实施，这样可以使防火墙的工作效率提高。还要在得到新病毒警告后及时对防火墙的策略进行相应的更新，确保防火墙规则的有效执行，严格控制数据的出入。

2. 同一安全区上下级之间防火墙的配置

根据管理信息大区的特点，设计出防火墙在安全区III和安全区IV上下级之间的典型配置，如表7–4所示，这样可以有效实现安全区III和安全区IV上下级之间数据的可靠性传输，保证数据安全。

表7–4　安全区III和安全区IV上下级之间防火墙的策略配置

名称	源地址	目的地址	服务	动作
规则1	对象1	对象2	HTTP	允许
规则2	对象1	对象3	服务1	允许
规则3	Any/所有	Any/所有	Any/所有	拒绝

对象1指的是该区合法地址的集合，对象2、对象3指的是该区主站服务器的地址集合，服务1指的是除HTTP外的其他服务，端口为上下级约定好的端口，如协议为TCP，端口号为4432。

3. 不同安全区之间防火墙的配置

根据生产控制区和管理信息区各自的特点，设计出大区中不同安全区之间防火墙的典型配置，如表7–5所示，以有效实现分区，确保数据流是单向的，并保证高安全区的数据不会流向低安全区。

表 7–5　不同安全区之间防火墙的策略配置

名称	源地址	目的地址	服务	动作
规则 1	对象 1	对象 2	服务 1	允许
规则 2	对象 3	对象 4	服务 2	允许
规则 3	Any/ 所有	Any/ 所有	Any/ 所有	拒绝

对象 1、2、3、4 指的是该区合法的单一 IP 地址，服务 1、2 指的是特定的协议及约定好的端口号。

生产控制大区因所处环境较为简单，不与外界互联，因此，防火墙的设置稍微简单即可，复杂情况下可以绑定 IP 地址和 MAC 地址，防止 IP 地址被盗用。

管理信息大区稍微复杂一些，为了使调度管理系统中的 Web 服务器的真正地址不被 PMIS 用户知道，我们可以将 Web 服务器的 IP 地址映射到 PMIS 网段中的一个 IP 地址，这样 MIS 网用户只需要知道本地网的 IP 地址通过防火墙的地址转换来访问 Web 服务器。

另外，大多数防火墙提供常用攻击检测工具，当检测到攻击事件后，防火墙向攻击监测台发送攻击警报信息。如要检测对 Web 服务器的攻击，则要进入入侵检测配置窗口，设置主机地址为 Web 服务器地址。

还需要注意的是，在配置防火墙策略时，最好断开防火墙的网线，因为在保存策略的瞬间，防火墙规则暂停，极易在此时被外部入侵。防火墙的功能很多，每个厂家的防火墙配置也千差万别，但配置规则并不是越多越好，只有合理配置防火墙，才能更好地保护网络安全。

三、安全隔离装置在电力调度自动化安防系统中的设计实现

（一）安全隔离装置的选取

所谓“安全隔离”是指内部网不能通过任何技术手段（有线或无线）连接到外部网，从而使内部网与外部网在物理上处于隔离状态的一种安全技术，所以也称为“物理隔离”。只有使内部网和外部网实现物理隔离，才能真正保证调度数据网内部信息不受来自互联网的黑客攻击。此外，物理隔离装置也为企业内部网络划定明确的安全边界，给企业内部管理提供明确界限。

在保证生产控制信息的完整性与保密性上，安全隔离装置成为电力企业生产控制大区专用网络的一道安全门，它可以对数据进行审查，确保其不具有攻

击和其他任何有害的特性，它的“信息摆渡”特点使得它将数据采取非网方式传送，并且阻断两个网络之间的连接，确保了电力系统的安全稳定运行。

外部网络通过物理隔离与内部网络“连接”起来，在任一时刻只能与一个网络建立起非 TCP/IP 协议的连接，即内、外网不同时连接在物理隔离装置上。这种信息“摆渡”机制是指将外部网络的 TCP/IP 协议数据全部剥离包头，仅将纯数据通过隔离装置自带的存储介质进行写入和读出，以此实现信息的交换。

（二）安全隔离装置的安装位置

安全隔离装置的使用有两种，一种是正向型，用于高安全区向低安全区传送数据，即安全区 II 向安全区 III 传送数据；另一种是反向型，用于低安全区向高安全区传送数据，即安全区 III 向安全区 II 传送数据。两种隔离装置根据安装的方向不同来实现不同安全区数据的传输。

（三）安全隔离装置的设计

以物理隔离在不同网段之间布置为例进行配置实现，接入方法如图 7–18 所示。

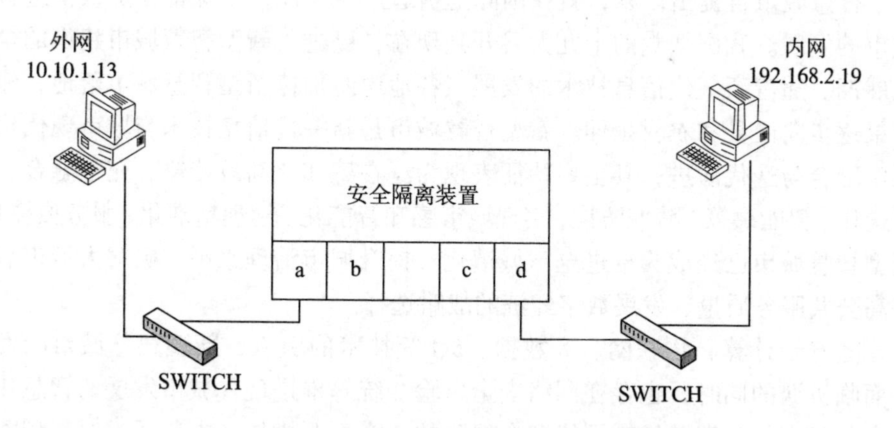

图 7–18　安全隔离装置在不同网段间的接入方式

如图 7–18 所示，10.10.1.13 和安全隔离装置的 a 口都是接在三层交换机的 10.10.1.* 网段，192.168.2.19 和装置的 d 网口是接在三层交换机的 192.168.2.* 网段。由于隔离装置不带路由功能，因此对不同网段的通信，我们要求做 NAT 转换。将 10.10.1.13 转换为 192.168.2.13，192.168.2.19 转换为 10.10.1.19，这时单独转换后的两个 IP 地址是同一个网段。两个 NAT 地址不能与该网段的其他机器有冲突。这样，两个不同网络之间的安全隔离装置配置完毕，我们认为有以下几点需要注意。

（1）通过安全隔离装置过滤精心选择的应用协议，将不安全的信息全部丢弃，使得网络的安全性大幅提高，因此，安全隔离装置的合理布置尤为重要。

（2）与其他方式相比，将网络安全问题分散到各个网络上的方法不如安全隔离装置的集中配置有效，它可以将所有的策略设定在安全隔离装置之上，建立一个以安全隔离装置为中心的安全防护方案。

（3）正常情况下安全隔离装置可以将通过的所有数据记录在日志中，还能提供网络的流量统计。一旦发生可疑情况，安全隔离装置还能启动报警动作，并提供网络实时数据的详细信息。

（4）通过安全隔离装置对生产控制区及其他信息系统进行划分，实现重点网段的隔离，隐蔽一些网络内部细节，避免暴露生产控制区的安全漏洞。

第六节　新型智慧城市网络安全协同防护研究

智慧城市自提出以来，就在国际上引起广泛关注，全球都在加快推进智慧城市的发展。我国从党的十九大召开到现在，已进入新型智慧城市建设的全面发展期。随着新一代信息技术的发展，各地纷纷加速新型智慧城市落地，建设成果逐步向区县和农村延伸。新型智慧城市是新一代信息技术与城市现代化的深度融合与迭代演进，其主要特征表现为泛在感知、高效传输、充分融合、协同运作、智能决策、精准防控，实现城市感知智能化、管理精准化、服务便捷化。新型智慧城市已经成为推进全球城镇化、提升城市治理水平、破解大城市病、提高公共服务质量、发展数字经济的战略选择。

随着云计算、物联网、大数据、5G等技术的引入，新型智慧城市的发展在面临机遇的同时，也存在网络安全风险。统筹推进现代城市发展的智慧化、安全化成为新型智慧城市网络安全保障的一个重要挑战。本节通过对新型智慧城市网络安全协同防护进行风险分析，提出构建包含指标体系、测评体系和技术体系的新型智慧城市网络安全协同防护框架，从而为新型智慧城市网络安全协同防护提供理论和方法参考，切实增强智慧城市网络安全防御能力。

一、新型智慧城市网络安全协同防护风险分析

新一代信息技术的日新月异使得城市发展从信息化向更高的智慧化阶段靠拢，世界主要发达国家均已将新型智慧城市战略作为国家战略发展的一个重要组成部分。近年来，我国新型智慧城市建设取得了积极进展，但也面临着严峻

的网络安全风险和挑战，具体表现为面对网络安全威胁时间，管理、技术、建设与运营等方面的网络安全协同防护能力不能满足智慧城市网络安全协同防护要求。一是城市关键信息基础设施孤立分散，导致新型智慧城市网络安全保护各管理主体联动能力较弱，安全职责分担不明确，难以快速响应大规模、高强度的突发事件。二是云计算、大数据、物联网、5G、人工智能、区块链等新技术的快速发展，在促进智慧城市发展的同时也带来新的安全风险。我国智慧城市关键信息基础设施安全保护尚未完全形成自主可控能力，关键核心技术和芯片仍然受制于西方发达国家，自主创新不足，对外依存度高，难以应对智慧城市新型网络攻击。三是智慧城市网络系统复杂，分布式部署，多方参与安全运维，但运维过程也存在灾难恢复预案不恰当、系统漏洞修复不及时、运维安全第三方责任划分不明、应急响应不及时、违规操作等协同防护安全风险。

（一）新型智慧城市网络安全协同防护管理风险

关键信息基础设施是城市运行的神经中枢，是智慧城市网络安全的重中之重，需要通过加强企业、政府管理部门和行业的协同形成管理合力。张大江指出，网络安全体系顶层设计和总体规划策略的缺失将导致在智慧城市中无法建立统一的跨部门协调管理机制，而不完善的管理监督机制也使得智慧城市安全管理、建设和运营实体职责不明确，各单位网络安全水平差异大，从而导致安全风险。郭骅认为，新型智慧城市在权责、边界、管理、目标等方面存在网络安全管理挑战。信息权属模糊使得新型智慧城市各管理主体在进行管理时存在权责不清的情况，从而在客观上导致网络安全管理规则的混乱。从管理目标看，信息权属应从属于信息应用目标，且不同主体之间应协调统一，否则极易成为新型智慧城市的安全威胁。陆峰认为，城市社会治理、民生服务等需要加强协同联动，如果业务不衔接，则易出现监管漏洞，影响智慧城市安全。在社会安全领域，海量数据虽然可以提供强有力的数据支持，但大量舆情数据容易导致不安全因素的快速传播，从而带来安全隐患，因此，需要建立智慧城市社会安全风险防控与治理机制，以加强智慧城市网络安全协同防护的管理。

（二）新型智慧城市网络安全协同防护技术风险

在智慧技术充分运用于城市发展的过程中，技术风险常被有意或无意地忽视或掩盖。在新型智慧城市的发展过程中，新一代信息技术的发展所造成的安全风险已成为不容忽视的问题。王润众指出，新型智慧城市发展所必需的物联网、云计算和大数据这三项技术支撑，恰恰就是新型智慧城市所面对的技术风险的源头所在。在新型智慧城市技术参考模型中，各个层面都存在安全隐患。

在物联感知层，由于感知设备数量巨大、分类众多，且加密运算和存储能力有限，因而存在信息泄露，数据被窃听、非法劫持和篡改的风险；在网络通信层，由于网络传输协议存在缺陷和漏洞、网络深度融合使病毒容易转移和扩散、关键信息基础设施不完备等，因而存在被攻击者攻击或拒绝服务的风险；在计算与存储层，由于计算资源基础设施缺乏物理防护、云平台界面和 API 接口可能错误等，因而存在云端数据泄露、业务中断、恶意代码植入等风险；在数据及服务融合层，由于政府部门的数据开放程度不够，数据来源真实性、时效性和准确性缺少安全保证，非结构化数据信息化程度不足等，因而存在恶意关联、信息泄露、服务瘫痪等风险；在智慧应用层，应用系统面临病毒、后门、木马、漏洞以及恶意软件等安全风险，从而导致数据泄露、被篡改以及远程控制风险，甚至导致威胁通过网络向系统扩散。王青娥指出，基础设施作为新型智慧城市建设关键性和基础性的部分，在面临安全风险时首当其冲，且在目前互联互通的网络环境中，相较传统的网络环境，遭受攻击的破坏性更大。

加强技术协同防护，加强自主创新，联合多方共筑网络安全是智慧城市建设和发展过程中必须考虑的关键性问题。王惠莅指出，目前关于智慧城市建设的标准是不够的，还需围绕大数据、云计算、区块链、人工智能等新技术继续建立相关安全标准，以进一步完善新型智慧城市安全保障体系。

（三）新型智慧城市网络安全协同防护建设与运营风险

新型智慧城市万物互联，智能终端和网络用户数量的增加、数据来源的广泛以及数据的多样化和数据结构的复杂化，使得各种承载城市运行数据的关键信息基础设施难以维护，进而产生网络安全建设与运营风险。同时，关键信息基础设施各种软硬件系统的漏洞使得黑客和病毒对其进行利用攻击。李贵鹏指出，智慧城市网络安全运营平台如果运营效率低、专业性不高，将给智慧城市网络安全运营平台带来安全风险。新型智慧城市的网络数据包括城市基础设施、人口、经济、公共服务数据等，这些数据分布存储在云计算平台、大数据挖掘等业务支撑系统中。李洋指出，智慧城市信息基础设施以云计算为中心的方式向集约化发展，其资源高度共享加大了安全风险；智慧城市信息基础设施运行过程中容易因系统脆弱性、共享技术漏洞等原因导致 API 篡改、账户劫持、DDoS 攻击、APT 攻击、数据泄露与丢失；构建智慧城市纵深安全防御体系需从技术、人员、运维三个方面入手搭建。针对智慧城市关键信息基础设施，刘贤刚指出，运维阶段灾难恢复预案不恰当、安全责任划分制度不明确、缺乏对第三方业务的运维和安全管理等都会给业务运维带来风险。

二、新型智慧城市网络安全协同防护体系研究

基于上述分析，亟须建立新型智慧城市网络安全协同防护框架，明确新型智慧城市网络安全协同防护目标、机制、评价指标、评价方法、技术等，以提升智慧城市安全防御能力。新型智慧城市网络安全协同防护框架如图 7–19 所示。

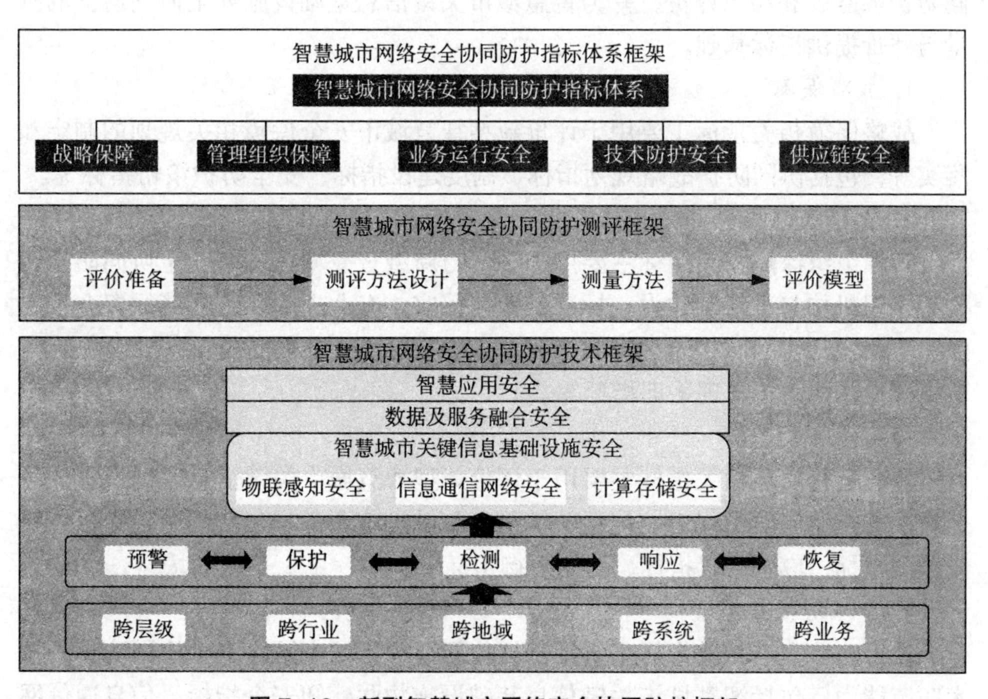

图 7–19　新型智慧城市网络安全协同防护框架

（一）目的

新型智慧城市网络安全协同防护的主要目的是建立针对智慧城市关键信息基础设施全局的、协同的安全防护机制，从组织、管理和技术等方面加强对新型智慧城市关键信息基础设施的安全协同防护，建立相应的安全协同防护指标和评价方法，不断提升新型智慧城市关键信息基础设施安全防护能力，确保智慧政务、智慧交通、智慧制造、智慧电网、智慧教育、智慧农业等智慧产业应用在智慧城市关键信息基础设施上的正常运行，推动城市新型管理和服务智慧化，提升城市运行管理和公共服务水平，提升城市居民的幸福感和满意度。

（二）指标体系

新型智慧城市网络安全协同防护指标体系主要用于评价智慧城市关键信息基础设施安全协同防护水平，为智慧城市网络安全态势研判和宏观决策提供支持，为智慧城市关键信息基础设施安全协同防护工作的改进提供支持。新型智慧城市网络安全协同防护指标体系包括战略保障、管理组织保障、业务运行安全、技术防护安全和供应链安全五个方面，可实现对新型智慧城市网络安全协同防护的静态和动态评价，并为智慧城市关键信息基础设施安全协同防护的测量与评价提供指标基础。

1. 战略保障

战略保障相关指标主要用于评价新型智慧城市安全保障相关规划的制定和落实等，包括协同防护战略规划指标、制度建设指标、安全防护策略指标等。

2. 管理组织保障

管理组织保障相关指标主要用于评价与新型智慧城市网络安全协同防护相关的组织机构与责任制建设、标准制定与落实、专业人才队伍保障、资金投入保障等，包括协同防护管理组织指标、标准指标、人才储备指标、安全关键岗位指标、协同防护管理培训指标等。

3. 业务运行安全

业务运行安全相关指标主要用于评价新型智慧城市关键信息基础设施业务运行的安全协同防护能力，包括关键信息基础设施业务安全协同防护指标、安全监测指标、应急处置指标、协同防御指标等。

4. 技术防护安全

技术防护安全相关指标主要用于评价新型智慧城市网络安全协同防护的技术防范能力，包括智慧城市关键信息基础设施物联感知安全指标、信息通信网络安全指标、智慧城市服务融合安全指标、智慧城市应用安全指标等。

5. 供应链安全

供应链安全相关指标主要针对智慧城市关键信息基础设施中的恶意篡改、假冒伪劣、信息泄露、管理脆弱性以及供应链中断等风险，评价关键信息基础设施供应链安全协同防护能力，重点在智慧城市关键信息基础设施建设和运营期，包括产品供应链安全指标、关键元器件供应链安全指标、软件供应链安全指标等。

（三）测评体系

新型智慧城市网络安全协同防护测评体系主要从多层次、多维度、开放性、可定制的角度出发，引入多维度测量与评价策略，科学评估智慧城市关键信息基础设施安全协同防护能力。基于新型智慧城市网络安全协同防护指标体系设计新型智慧城市网络安全协同防护测量与评价方法，切实预防和减少新型智慧城市网络安全风险和事件的发生，为新型智慧城市网络安全协同防护提供有力抓手和落地工具。

1. 评价准备

无论是从国家总体安全、数字经济发展、国计民生等宏观方面，还是从企业发展和人民生活等微观方面，新型智慧城市网络安全协同防护都非常重要。只有厘清不同主体对网络安全协同防护的要求，才能更准确地进行网络安全协同防护状况分析，从法规协同、政策协同、组织协同、标准协同、技术协同等维度形成网络安全协同防护测评要求。

2. 测量方法研究

科学、可行、有效的网络安全测量方法对新型智慧城市网络安全协同防护具有重要的作用。首先，全面梳理智慧城市关键信息基础设施安全协同防护测量要求；其次，提出基于法规、政策、组织、标准、管理、技术协同的新型智慧城市协同防护测量方法；最后，建立安全协同防护测评过程，实验验证所提方法的可行性、有效性、客观性。

3. 评价模型

基于新型智慧城市网络安全协同防护指标体系对新型智慧城市网络安全协同防护进行综合评价，既可以获悉新型智慧城市网络安全协同防护所处的水平，发现其优势和短板，也可以对新型智慧城市网络安全协同防护指标体系进行验证。通过试验模拟测算新型智慧城市网络安全协同防护效果，对综合结果进行分析，提出未来改进的方向。

4. 技术体系

针对新型智慧城市关键信息基础设施层、数据及服务融合层和智慧应用层存在的安全风险，在新型智慧城市网络安全协同防护框架中采用各种安全协同防护技术来保障，以实现智慧城市关键信息基础设施跨层级、跨行业、跨地域、跨系统、跨业务的预警、保护、检测、响应及恢复功能。

（1）关键信息基础设施层主要包含物联感知安全、信息通信网络安全和计算存储安全三个方面。在物联感知安全方面，通过各种技术手段实现对设备的权限管理，确保设备和网络安全，从而获取并提供准确数据。在信息通信网络安全方面，通过各种通信技术保障多网融合的智慧城市网络设施和网络通信。在计算存储安全方面，实现对智慧城市关键信息基础设施的安全保障，确保对存储数据的安全防护。

（2）数据及服务融合层以新型智慧城市业务数据和应用服务的安全为核心，确保数据真实、有效且可用，确保数据控制权界限清晰，确保数据共享前进行了数据脱敏处理，确保数据在访问过程中无信息泄露风险，确保数据在开放共享过程中得到合法利用。

（3）智慧应用层需要在智慧政务、智慧交通、智慧制造、智慧电网、智慧教育、智慧农业等智慧应用中做好业务协同防护。例如，清晰地定义网络安全协同防护的角色和职责，对应用系统实施严格的身份管理和访问控制，做到基于角色的访问控制，定期检测应用软件的漏洞或缺陷，避免在各种智慧应用中出现数据或信息的泄露、篡改、重放、复制等。

三、新型智慧城市网络安全防护体系的未来发展

新型智慧城市网络安全协同防护的指标体系、测评体系和技术体系相互作用，相互统一，层层衔接。针对新型智慧城市网络安全协同防护框架的研究有利于识别新型智慧城市网络安全风险，完善智慧城市网络安全协同防护理论，推动智慧城市跨层级、跨区域、跨行业、跨部门、跨业务的安全统筹和协调，实现智慧城市网络安全组织、管理、技术的协同防护，强化智慧城市关键信息基础设施的安全协同能力，提升智慧城市网络安全协同防护的效果。

参考文献

[1] 张媛，贾晓霞 . 计算机网络安全与防御策略 [M]. 天津：天津科学技术出版社，2019.

[2] 李娟，李永杰等 . 计算机网络 [M]. 北京：北京邮电大学出版社，2016.

[3] 李剑，刘正宏，沈俊辉 . 计算机病毒防护 [M]. 北京：北京邮电大学出版社，2009.

[4] 秦志光，张凤荔 . 计算机病毒原理与防范 [M]. 北京：人民邮电出版社，2007.

[5] 雷渭侣 . 计算机网络安全技术与应用 [M]. 北京：清华大学出版社，2010.

[6] 姚俊萍，黄美益，艾克拜尔江・买买提 . 计算机信息安全与网络技术应用 [M]. 长春：吉林美术出版社，2017.

[7] 李宜茗 . 计算机网络安全体系的一种框架结构及其应用 [J]. 数字技术与应用，2017（10）：198–199.

[8] 秦保成 . 大数据时代计算机网络安全防范策略 [J]. 电子技术与软件工程，2019（22）：190–191.

[9] 梁丰 . 基于大数据时代计算机网络安全防范探讨 [J]. 网络安全技术与应用，2020（6）：85–87.

[10] 罗智彬 . 试析企业信息网络安全风险管理提升对策 [J]. 电脑编程技巧与维护，2020（11）：153–155.

[11] 颉钰，李卫 . 主动网络安全风险管理系统 [J]. 微电子学与计算机，2004（6）：1–5，9.

[12] 张智，袁庆霓 . 内部网络安全风险管理探索 [J]. 计算机时代，2011（11）：20–22.

[13] 高博 . 基于大数据的计算机网络安全体系构建对策 [J]. 现代信息科技，2020，4（12）：134–135，139.

[14] 杜慧 . 高校计算机网络安全体系构建及策略探讨 [J]. 无线互联科技，2021，18（11）：20–21.

[15] 杜芸 . 网络安全体系及其构建研究 [J]. 软件导刊，2013，12（5）：137–139.

[16] 汪茹洋，戴祥华 . 关于网络信息加密技术的运用研究 [J]. 中国信息化，2018（6）：66–67.

[17] 马莹莹 . 计算机网络信息加密方法优化 [J]. 信息与电脑（理论版），2018（15）：205–206.

[18] 杨利鸿 . 网络安全与网络信息加密技术 [J]. 电子技术与软件工程，2020（11）：242–244.

[19] 王艳 . 防火墙技术在计算机网络安全中的应用探究 [J]. 通讯世界，2020，27（2）：46–47.

[20] 蹇诗婕，卢志刚，杜丹，等 . 网络入侵检测技术综述 [J]. 信息安全学报，2020，5（4）：96–122.

[21] 骆兵 . 计算机网络信息安全中防火墙技术的有效运用分析 [J]. 信息与电脑（理论版），2016（9）：193–194.

[22] 王诗琦 . 网络安全隔离与信息交换技术的系统分析 [J]. 信息通信，2012（3）：211–212.

[23] 苏智睿 . 新型网络安全防护技术：网络安全隔离与信息交换技术的研究 [D]. 成都：电子科技大学，2004.

[24] 邵大鹏 . 安全隔离与信息交换系统的扩展及应用 [J]. 网络空间安全，2018，9（11）：76–79.

[25] 张亚华，刘宏飞，陈博 . 计算机病毒的人工检测与防治对策 [J]. 河南机电高等专科学校学报，1998（3）：10–13.

[26] 张鹏 . 浅析计算机病毒的检测及防治 [J]. 电脑迷，2018（12）：27.

[27] 孙德红 . 关于计算机病毒多种检测方法的探讨 [J]. 网络安全技术与应用，2017（12）：11–12.

[28] 庞微波 . 关于区块链的网络安全技术综述 [J]. 网络安全技术与应用，2021（11）：21–23.

[29] 高夏生 . 电网调度自动化信息网络安全技术研究 [J]. 通讯世界，2017（8）：171–172.

[30] 蔡蕙敏 . 基于区块链技术的应用及管理对策研究 [J]. 网络安全技术与应用，2017（9）：91，95.

[31] 李晓龙 . 电力调度自动化网络安全与实现 [J]. 机械管理开发，2016，31（1）：114–116.

[32] 伏晓，蔡圣闻，谢立 . 网络安全管理技术研究 [J]. 计算机科学，2009，36（2）：15–19，54.

[33] 李罡 . 计算机网络安全分层评价防护体系研究 [D]. 长春：吉林大学，2016.

[34] 王世辉 . 互联网安全管理系统及其应用 [D]. 南京：南京邮电大学，2018.

[35] 李忻洋 . 计算机病毒实验系统关键技术研究与实现 [D]. 成都：电子科技大学，2019.

[36] 陈杰新 . 校园网络安全技术研究与应用 [D]. 长春：吉林大学，2010.

[37] 陈达 . 单向安全隔离与信息交换机制的研究与实现 [D]. 北京：北京交通大学，2015.

[38] 刘积芬 . 网络入侵检测关键技术研究 [D]. 上海：东华大学，2013.

[39] 郭春 . 基于数据挖掘的网络入侵检测关键技术研究 [D]. 北京：北京邮电大学，2014.

[40] 谢雪胜 . 计算机网络安全方案的设计与实现 [D]. 合肥：合肥工业大学，2006.

[41] 刘吉龙 . 基于防火墙的企业网络安全系统的设计与实现 [D]. 长春：吉林大学，2015.

[42] 程建华 . 信息安全风险管理、评估与控制研究 [D]. 长春：吉林大学，2008.